パーマカルチャー

PERMACULTURE

農的暮らしを実現するための12の原理 上

David Holmgren
デビッド・ホルムグレン

訳／リック・タナカほか

PERMACULTURE
——Principles & Pathways Beyond Sustainability——
David Holmgren

16 Fourteenth Street, Hepburn, Victoria, 3461, Australia
www.holmgren.com.au

＊訳出にあたって、読者の理解を助けるために、内容に即して見出しを設け、［　］内に訳注を加えた。
＊原注に取り上げられている文献の訳出は日本語の翻訳書が出版されているものだけに限り、英語文献などについては割愛した。それらを知りたい方は、原著を参照していただきたい。

刊行によせて

この非常に重要な本でデビッド・ホルムグレンが取り上げる「パーマカルチャーの原理」を生活のすべてで適用したならば、社会は持続可能な、そしてその先へと向かう道のりをしっかりと歩み始めるだろう。そればかりでなく、将来の世代に大きな負の遺産を残すのではないかという罪の意識に苛まれることもなくなるだろう。

パーマカルチャーとは価値観であり、思考であり、全体論的な理解にもとづくデザイン〔設計〕と管理〔やりくり〕のシステムである。とりわけ、生物生態学や社会心理学の知識と叡智への理解を基礎としている。それは、現代人だけでなく、将来の世代が健康や幸福に暮らせるように、自然資源をどうやりくりしていけばよいかをシステム的に考え、設計し、デザインを変えるものである。

不思議なことだが、無機質の素材を相手にする技術系や機械系の学生はデザイン原理を学ぶのに、農業など生き物を相手にする学生はデザイン原理を知らないまま卒業してしまう。しかも、この大切な能力を専門に教える科目すらない。自然資源の管理という分野で現代人が直面する問題は、デザインの重要性、相互関係の重要性、持続的なエコシステムにおける多様な生態系の重要性、新たな知見にもとづいて管理されたエコシステムをデザインする必要性を、いまだに認識できないために起きる場合が多い。

パーマカルチャーを説明する方法はたくさんあり、どれもが互いを補い合うような関係にある。現代の農業との関連でみると、農業が特化と単一作物栽培、初歩的な輪作という、一見するときわめて単純なデザインに依存し、いまだに自然資源の管理における進化の前段階にとどまっているのに対し、パーマカルチャーはすでに次の段階に進んでいる。

農業によって表土が流出し、土の保水能力、地力や生産力、耐久力が低下し、野生動物の棲み処も、生物の多様性も、自然システムの存在を左右する遺伝子の貯蔵庫も、失われた。その原因はデザインそのものにあり、間違ったデザインから生じる問題でもある。そして、問題に対処するためにとられる解決法が破壊的な影響をもたらすことも多い。農業は資源の損失を補ったり、資源の損失から生じる害虫や病害をコントロールするために、資源をますます投入しなければ成り立たなくなっている。これではエネルギー消費と廃棄物を増やすだけで、環境への負荷が増大する。

こうした事実は、パーマカルチャー活動家には簡単に予想がつく。この本に書かれたパーマカルチャーの原理を適用すれば、ほとんどの問題は防ぐことができるだけに、心が痛む。問題を解決しようと、システムの出口で専門知識、時間、エネルギーや資源の無駄遣いを繰り返すのではなく、システムの入口でパーマカルチャー原理を適用すれば、的確なデザインと再デザインを通じて無駄を最小限にとどめられる。私自身、害虫のコントロールや土壌管理の経験をとおして、それを実感してきた。

パーマカルチャーはそれ自体、人間の知識体系が絶え間なく進化し続けていることを体現するものでもある。現在、知識体系の進化を推進しているのはポストモダニスト、ポスト構造主義者、フェミニスト、エコフェミニスト、社会的エコロジスト、ディープエコロジスト、エコ心理学者など既成の科学に飽き足らない人びとである。彼らは全体論者であり、持続可能性、共同体主義、精神主義、先住民の知識体系などに興味をもっている。

パーマカルチャーが発展してきた理由はたくさんあるが、とりわけ重要なものを示しておこう。

①同時性、差異を超えた協働関係（慎ましく、内省的、綿密で、始めたことはやりとげるタイプのデビッド・ホルムグレンと、突拍子もないアイデアをもち社会的なパーソナリティのビル・モリソンの偶然の出会い）。
②国際的な運動として構想した。
③コースを教える立場にある者に、広範囲に及ぶ訓練と実地の経験、不断の実践を求めた。
④倫理原理とデザイン原理を理論と実践の全側面に取り入れた。

パーマカルチャーは広範囲にわたって高い質を求め、全体的な視野からの計画と行動を求める。したがって、その実践から利益を受けるであろう人びとにとっても、実践するには敷居が高かった。たとえば頭痛がひどいとき、自分の生活を見直すのではなく、頭痛薬の瓶に手を伸ばすことが当たり前になっているように、農業やガーデニングでも生産システムのデザインややりくりの仕方に根本的なメスを入れずに、安易に化学薬品を投入して問題を解決しようとする人が多い。しかし、高い敷居を乗り越え、問題をデザインの観点から解決することを学んだ人は、非効率的な「特効薬」という幻想に再び頼ろうとはしない。

本書で、デビッド・ホルムグレンは自らの広範な経験にもとづき、パーマカルチャーの原理を実践するための知識を育む方法をわかりやすく、全体論の立場から解説している。知識を獲得したならば、読者はそれを現場で実践しなくてはならない。理想的には、彼のような師匠に弟子入りして実践すると同時に、師匠の手を離れ、自由に大胆に一人でいろいろやってみるのがよい。自分一人で取りかかる場合は、私流に言えば、「小さくても、意味があり、最後まで確実にやれること」に集中するとよい。そういう取り組みなら、たとえデザインがうまくなくても、負の影響は小さくてすむし、大きなプロジェクトをやりとげられなかったときのように、ひどく落胆しなくてもすむ。

私は北米に暮らしていたとき、パーマカルチャー活動家向けに、「心の内面のパーマカルチャー」と銘打ったワークショップを開催した。パーマカルチャーのデザインがうまくいかない原因として、外にあるシステムに関する知識の不足ではなく、デザインする人間の内部システムが傷ついており、「治癒と再デザイン」が必要な場合があると思ったからだ。本書の読者も、私と同じように、全体的なデザイン理論や実践を当てはめることでよい結果が得られそうな領域には、どんどんパーマカルチャーの原理を適応していってほしい。たとえば、社会、ビジネス、政治や経済システム、健康、子どもの教育、学びの環境などは、どうだろうか。

私の知るかぎり、本書はパーマカルチャー概念の説明としてはもっとも程度が高い。本書で取り上げる一二の原理は、パーマカルチャー概念の生みの親の一人である著者だけでなく、世界中に何千人といるパーマカルチャー活動家によって徹底的に試されてきた。

パーマカルチャーに初めて接する人にとって、本書は全体的なデザインを考えるための素晴らしい入門書となるだろう。パーマカルチャーを長く実践したり、教えてきた人にとっては、自分の考えを見直し、磨きをかけるという意味で、待ち望んでいた本となるだろう。パーマカルチャー・コースを教える人には、本書を中核の教材として使うように薦める。私が楽しみ、参考にしたのと同じくらい、読者も価値ある本書を楽しみ、参考にしていただければ幸いだ。

西シドニー大学社会生態学部初代学部長　スチュアート・B・ヒル

謝　辞

戦略的な考え方を教えてくれ、穏やかだが熱心な励ましとフォローを怠らなかったイアン・リリングトンに感謝する。何年にもわたり、この企画がいろいろ形を変えながらもとにかく進み続けたのは、彼の尽力による。

ほかにも、ジェイソン・アレクサンドラ、スティーブン・ブライト、アンドレア・ファーネス、スチュワート・ヒル、ショルトー・モード、ケイル・スナイダーマンやテリー・ホワイトなどのパーマカルチャー活動家がインスピレーションや励まし、フィードバックを与えてくれた。プロの手腕と時間を惜しみなくこの企画に捧げてくれたジャネット・マッケンジーは、私がもうダメだと思ったときに再び自信を与えてくれた。リチャード・テルフォードは独創的なアイデアで、それぞれの原理を象徴する芸術的なイラストをデザインし、ルーク・マンシニは私の図画を描き直してくれた。ロブ・マンシニ、テルトゥ・マンシニ夫妻がグラフィックと制作の手腕を発揮してくれたおかげで、この本を地元で完成できた。そして、過去三年、この本の完成を辛抱強く待ち続けてくれたパーマカルチャー教室の生徒や同僚にも感謝する。

スー・デネットへ

書籍の著者、とくに男性の著者が、長い期間を要する、そして、ときにはむずかしい局面に出くわすことになる執筆作業のあいだ、ずっと辛抱強く支えてきてくれた人生のパートナーに感謝するのは、しきたりになっている。これまで三〇年間以上にわたって人生と生計をともにしてきたスー・デネットにも、これらの謝辞がすべてあてはまる。

二人が付き合い出したころ、パーマカルチャーを教えたり、原稿を書いたり、講演したりという「大事な」活動において、スーが目立たない存在で、自分のアイデアの随伴者だと見られたことは、私たちをいらいらさせたものだ。皮肉なことに、こうした見方をするのはパーマカルチャー活動家のなかでも、フェミニストの女性である場合が多かった。スーはインパクトが少ないシンプルな暮らし方に情熱とエネルギーを注いできたが、私自身、エコロジーの実態に則して自ら選んだ貧乏暮らしを続けていくうえで、大きな励みを与えてくれた。

この本へのスーの貢献は、重量級の知的な論争相手としてではなく、私自身の過度に知的で論理的なアプローチの限界を超える手助けをしてくれたということだ。若いころ、すべての要因や側面で論理に頼るようになっていた。この方法は、すべての要因を確かに検討しただろうかという頑固な固執につながっていく。「具合が悪くなるまで検討する」というものだ。自分の直感力に対する深い疑いはスーとの関係をとおしてしだいに薄れていき、より全体論的な理解と行動に結びつけられるようになった。そういう実際的なレベルで、この自主出版を軌道に乗せ、実現にこぎつけるまでスーの果たした役割はとても大きい。

オリバー・ホルムグレンへ

オリバーは自宅で生まれてから、一五歳でイタリアの有機農場で見習いをするようになるまで、ずっとパーマカルチャーな暮らしに浸ってきた。オリバーのものの見方や態度は、親にとっては他のティーンエイジャーと同様に挑発的だったが、この本を書き出してみると彼の考え方や行動はパーマカルチャーという概念を洗練していくうえで大きな刺激になったことがわかった。エコロジカルな新しい文化をつくるには一世代以上かかるという私の考えを再確認させてくれた。私にはどうしたらよいのかわからないようなむずかしいことも、オリバーは簡単に消化して、取り入れてみせるのだ。

ジェラード・ホルムグレンへ

私の弟は情熱、知能、行動をとおして、パーマカルチャーには政治的な側面があることを思い起こさせてくれる。ジェラードがたどった険しい道のりを思うにつけ、よりよい社会への道筋は、私がたどったように幸運でポジティブなものとは限らないことを思い知らされる。

ヴェニー・ホルムグレンへ

ここまで家族への謝辞が続いたら、母親についても語るのが筋だろう。パーマカルチャーに熱心な人から公衆の面前で「そうですか、あなたがデビッド・ホルムグレンのお母さんでしたか」と言われ、私の母親はいつもこう言う。「いいえ、デビッドが私の息子です」と。

もくじ◎パーマカルチャー●農的暮らしを実現するための12の原理（上巻）

〈下巻目次〉

本書の目的と構成

不確実な時代を生きる人びとへの貢献をめざして

パーマカルチャーは有機農法の単なる一形態ではない。パーマカルチャーが有機農法のひとつだろうと思って敬遠している人たちに向けて、私は本書でパーマカルチャーを説明するつもりだ。活動家、設計者、教師、リサーチャー、学生など、さまざまな局面で持続可能性に取り組む人たちには本書がとくに参考になるだろう。『Permaculture One（パーマカルチャー・ワン）』を出版したのは一九七八年、私が二三歳のころだ。それ以後は個別の場所や環境のケーススタディを現実的な視点から記すことがほとんどで、その奥にあるパーマカルチャーの枠組みについてはふれてこなかった。この本では、その後の世界各地におけるパーマカルチャー運動をふまえ、デザインや活動の枠組みとなるパーマカルチャーの原理の成熟した姿を描いてみるつもりだ。その過程で、パーマカルチャーの弱点についても言及することになる。それらがパーマカルチャー運動のなかで知的な議論を進める一助になれば幸いだ。

これまでパーマカルチャーの原理を書いたり教えたりしてきた経験からわかったことは、人間は自分に必要だったり気に入った部分だけを活用し、あとは放っておくということだ。整合がとれ、理路整然としたパーマカルチャーの描く社会は、価値が乏しいのかもしれない。本書で私は、パーマカルチャーを規定したり、パーマカルチャー運動の主導権をとろうとするわけではない。この不確実な時代を生きる人びとの理解、人生の意味、行動への何らかの貢献が本書の目的である。

本書の進化過程

本書は、パーマカルチャーの同志であるイアン・リリングトンが、これまで私が書いた文章をまとめてみてはどうだろうかと提案したことに端を発している。パーマカルチャーに興味をもつ人たちに向け、いろいろな文脈でパーマカルチャーの考え方を説明する、知性に訴える本をつくってみないかという提案だった。その作業が終わりかけたころ、イアンが「パーマカルチャー・デザイン・コースでやっているように、原理をしっかり説明する章が必要だ」と言い出す。私は、それはもっともだと思う反面、意気消沈もした。その作業は言うほどに簡単ではないとわかっていたからだ。こうして企画はいったんボツになった。

それから三年、プロの編集者でパーマカルチャー活動家のジャネット・マッケンジーの提言があり、企画は形を変えて息を吹き返す。パーマカルチャーの原理について、より深い考察をまとめることにしたのだ。それまでに書いたものは『David Holmgren: Collected Writings 1978–2000（デビッド・ホルムグレン短文集――一九七八～二〇〇〇年）』というタイトルで、CDで出版した。また、私のホームページでも全文が閲覧できる(1)。

倫理と一二のデザイン原理――本書の構成

本書はまず序章で、パーマカルチャーの生い立ちから、社会的な評価、世界的な広がりを多角的に俯瞰する。次に倫理に関する章を設け、さらに一二のデザイン原理を説明していく。それぞれの原理は、短い行動宣言、それぞれにふさわしいアイコン（図）、そして原理を象徴することわざをともなう。行動宣言は豊かな自然にもとづくパーマカルチャーの積極性を強調し、ことわざは自然の限界と制約について注意深い警告を発している。

それぞれの原理は、自然の織りなすデザインと、産業化以前の昔ながらの土地利用や自然資源利用について見られる社会的なデザインを用いて、説明される。そして、エネルギー大量使用の産業化社会において、各原理がどのように変型され、無視され、引っくり返されてきたのかを、とくにこれらの原理が普遍的に示される分野を例にして考察した。

また、それぞれの原理では、エコロジカルな文化を創り出す方向へこれらが適用された例を取り上げるようにしている。それらの例は、ガーデニング、土地利用の方法や人工環境など、読者にわかりやすい具体的なものから選んだ。ただし、それだけにとどまらず、個人の態度、社会や経済的組織という、より複雑で一筋縄ではない問題も考察した。

それぞれの原理の説明には、一九九六年の拙著『Melliodora(Hepburn Permaculture Gardens): Ten years of Sustainable Living(メリオドラ(ヘップバーン・パーマカルチャー・ガーデン)――持続可能な生活を求めた一〇年)』に詳細に記録した自分たちの家の例を用いた。そして、CDに収められた前述の短文集を参照すれば、それぞれの原理についての理解がさらに深まるだろう。各原理として凝縮された幅広い概念や考え方について参考になる書物なども、示しておいた。

全体論的な考え方を伝えようとしても、本というのは直線的な論理展開にならざるをえない。それぞれの原理で扱われる課題や考え方の区分は、客観性に欠けるものがあるかもしれない。それらは著者自身の選択であり、それぞれの原理自体、システム全体を見渡す考え方をいろいろな角度から捉えるための道具の域を出ないことは肝に銘じておいてほしい。各原理を相互参照すれば、原理同士に密接なつながりがあることもわかるだろう。その意味で、それぞれの原理は、迷宮のような全体をひとつのシステムとして捉える考え方へ通ずるドアであるとも考えられる。

不確実性の時代のパーマカルチャー

不確実性は、現代を象徴的に表す特徴のひとつである。不確実な状態をつくり出している理由は、いくつか考えられる。

①不確実さはかつて、単に情報不足のせいにされたが、理論を強調する科学の発展にともない、どこにでも普遍的に内在するものになった。

②世界各地で伝統文化と近代文化が衝突し、自らの価値観や社会における役割に確信をもてない人が多い。

③環境破壊の脅威に象徴されるように、近代の社会や経済はほとんど持続性がないということがはっきりしてきた。毎日の暮らしがこれからも同じように続いていくのかどうか、まったくわからなくなってしまった。

④一方で、技術の発達とあいまって、新しいものの見方や暮らし方、運動、スピリチュアルな道、サブカルチャーなどこれまでにないアイデアが限りなく登場し、かつては想像できなかったような可能性や希望が開かれてきた。だが、同時に、不安もけたはずれに大きい。

こうしたグローバルな文化のありようは、すべての理念を相対的で偶発的だとみなすポストモダンと呼ばれる場合もある。パーマカルチャーの考え方と運動は、このような世界規模の文化の一端である。

パーマカルチャーは一九七〇年代なかばに、ビル・モリソンと私の、期間は短かったが密度の濃い共同作業から生まれたものだ。それは近代社会が直面する環境危機への対応だった。七八年に出版した『パーマカルチャー・ワン』は初期の共同作業の集大成であり、世界的に広まっていくパーマカルチャー運動の出発点となった。

モリソンはパーマカルチャーを環境危機への「ポジティヴィスト的（積極的）」な対応だと述べた。[2] 積極的とは、何かに反対したり他者を変えようと躍起になるよりは、自分がやりたいこと、できることをしようという考え方だ。積極的な対応には、倫理・行動・思想・技術が関わってくる。すべての思想がそうであるように、パーマカルチャーも、基本となる仮説の上に構築された。パーマカルチャーが基本とする仮説は、パーマカルチャーの理解と評価にとって重要である。『パーマカルチャー・ワン』で紹介した仮説をここに再録しよう。

①環境危機は現実であり、それは産業化された地球の姿を現在からは想像もつかないように変えてしまうだろう。その過程で人間の幸福な暮らしが脅かされ、生存が脅威にさらされるだろう。

②現在進行中の産業化の世界的な拡大と人口増加は、これまでの数百年間に人間社会が及ぼした以上の影響を生物多様性にもたらすだろう。

③人間は自然界の異端児であるが、生命の進化など宇宙を律するエネルギーの法則からは逃れられない。

④産業化時代の化石燃料の使用は、驚異的な人口爆発や技術革新など、近代社会のあらゆる特徴をもたらした最大の原因である。

⑤将来の社会は当然独特な形をとるだろうが、化石燃料が減少するにつれ、自然や産業化以前の社会のように再生可能なエネルギーや資源に依存する社会になっていくだろう。

以上の仮定はいろいろな情報をもとに出されたものだが、アメリカの生態学者ハワード・オーダムの著作に負うところが大きい。[3] 私自身の思考の発展にあたり、オーダムの作品から絶え間なく影響を受けたことは、本書や著作集からも明らかだろう。

一九七〇年代に予言された資源の枯渇や経済体制の崩壊のすべてが、現実となったわけではない。タイミングに関しては誤りがあったが、ほぼ三世紀にわたる産業化、とくに過去五〇年間の超加速度的な成長を経て、天然資源の収奪こそが社会の発展の足枷になることは、ますます明らかになってきた。現在の石油危機は安価なエネルギー源の時代そのものが終わろうとしている証拠だろう。生態系をみれば、将来はエネルギー（そのほとんどは再生可能エネルギー）消費と人口が現在よりもずっと少ない社会になるだろう。そのシナリオには、好ましいものから、ぞっとするものまで、無限ともいえる道筋と地域ごとに異なる可能性が考えられる。

一方、技術楽観主義者や経済楽観主義者は、この環境危機が新たな産業革命・生物革命の扉を開く絶好の機会であり、物質的な安寧を享受する黄金時代の幕開けであると主張する。なかでも、もっとも信憑性があるとされるのは、エイモリー・B・ロビンスが唱えるような、より少ない資源とエネルギー消費で生産の拡大が可能であるとする自然資本主義だ[4]。

将来、エネルギーと資源の消費を縮小せざるをえないことは誰の目にも明らかだ。しかし、それがどんな社会で達成されるのか、社会を構成するさまざまな要素がどんな形をとるのかは、はっきりしない。省エネ・省資源社会へ向かう過程で、ロビンスの提示するようなモデルやアイデアは少なからぬ影響をもつだろう。現行の資本主義市場経済の枠組み内で適用でき、しかも政治や文化の領域、個人のライフスタイル、市民の習慣を根本的に変えなくとも省エネ・省資源が達成できるとされるからだ。

エネルギーと資源の減少時代に創造的なデザインで対応しようとするパーマカルチャーは、デザインの過程ではロビンスと同様に、自然から学ぶことを強調する。また、土地や自然資源の効率的なマネジメントに主眼をおいており、産業の発展に焦点を合わせた「グリーン技術楽観主義者」の補完的存在とみられることもある。だが、両者には大きな違いがある。
①パーマカルチャーは現存する富を使い、自然資本の再生をめざす。樹木と森林は化石燃料が減少した将来も人類の生存を約束する「貯金」になるから、その再生はとりわけ重要である。
②パーマカルチャーでは、底辺からの「再設計」が重要視される。市場経済、地域社会、文化レベルで変化を推進するのは個人や家庭である。
③より基本的なレベルで、パーマカルチャーは現行の技術、経済、さらに社会そのものが破綻し、崩壊する可能性が少なからずあるだろうと見込んでいる。「グリーン技術楽観主義者」は現行の技術、経済や社会の破綻や崩壊は想定していない。しかし、それはすでに世界で多くの人たちが直面している現実である。
④パーマカルチャーは、産業化以前の自給社会の暮らし方のなかから、自然の摂理に沿い、しかも脱産業化社会に活用できるモデルを見つけようとする。

パーマカルチャーが省エネ・省資源社会に向けて効果をあげていけば、現行の「環境危機対抗策のひとつ」という評価から、脱産業化社会の主流になっていくだろう。脱産業化時代にそれがパーマカルチャーと呼ばれるかどうかは、二義的な問題にすぎない。パーマカルチャーの思想と運動はすでに数万人の生き方を変え、数百万人の生き方にさまざまな影響を与えてきた。しかも、それはすべて、影響力の大きな機関や企業、政府の援助なしで達成されたことだ。ひとえにビル・モリソンのカリスマ、知性、そして疲れを知らぬ働きがあったからだという人もいる。たしかに、パーマカルチャー普及において彼が初期に果たした役割は大きかった。だが、その定着や発展、影響は、パーマカルチャーの意義が人びとの暮らしのなかで認められたからにほかならない。

パーマカルチャーはこれからの低エネルギー社会と関連づけられる。しかし、エネルギーや資源（核エネルギー、遺伝子組み換え、宇宙植民地など、希望的なものからおぞましいものまでを含む）はふんだんにあるだろうと考える「勇ましい新世界像」においては、倫理的な理由で省エネ・省資源を心がける比較的孤立した数少ない個人や集団への影響に限られるだろう。

何がパーマカルチャーであり、何がパーマカルチャーではないのか、その定義に頭を悩ませる人もいる。パーマカルチャーはもともと多岐な領域にわたる性格ゆえ、「エコロジカルなもうひとつの道」として、広範な分野に及ぶ統合した理論として進化してきた。私自身もその進化の過程に関わってきたが、パーマカルチャーが「何にでも適用可能な理論」になる危険は常に感じてきた。言い換えれば、パーマカルチャーが「万能タイプの器用貧乏」になり、「わかりきったことをいまさらやり直す」危険だ。とはいえ、時間的にも空間的にも人間の予想を超えて、あちこちで勝手に脈打つ現代社会の変化に影響を与えるには、パーマカルチャーのそうした進化は大きな武器でもあるだろう。

環境主義の第三の波

二〇世紀最後の四半世紀の環境意識と環境保全への取り組みを振り返ると、盛り上がった時期があり、その後、地歩を固める長い時期があった。盛り上がった時期は、経済の不況期にほぼ一致する(5)。

パーマカルチャーは、一九七二年に発表されたローマクラブの報告「成長の限界」、七三年と七五年の石油危機に触発された現代の環境意識の第一の高揚期のなかから生まれた、代替案のひとつだ。八〇年代に入ると、富裕国はレーガンやサッチャーの主導する経済成長を経験したが、八〇年代の終わりには地球温暖化が一般に知られるようになり、環境主義の第二のうねりがやってきた。これによって、パーマカルチャーへの関心はさらに高まっていく。九〇年代はハイテクとグローバル経済に注意が向けられ、環境主義は地歩を固める時期となる。そして九九年ごろに、環境主義は第三の高揚期を迎えた。

第三の高揚期には、環境問題への一般社会の関心が高まるなかで、第二の盛り上がり期に提唱されたさまざまな革新的な発想や発明が、社会のなかで一般的になる。歴史を振り返れば、新たな高揚期には過去のうねりのなかで生まれた考え方を見直したり、新たな提言が出されたり、新たな発想が生まれるものだ。本書は、環境主義の第三の波への私の貢献である。

(1)　この短文集に収められた文章は、いろいろな意味で本書を補完している。第一に、それらは本書で取り上げる原理の適用例であり、第二に、本書の読者には短文集の内容がとりわけ興味を引くと思われる。

(2)　ポジティヴィストは通常「実証主義」を指すが、この文脈では個人の態度が積極的とか否定的とか表現するような意味で使われている。「積極派」といってもよい。

(3)　H. T. Odum, *Environment, Power & Society*, John Wiley, 1971. 同書は一九七〇年代の環境思想家に影響を与えた著作で、『パーマカルチャー・ワン』の参考文献の最初に紹介されている。オーダムが三〇年間にわたって発表した数多くの著作は、同僚や弟子たちの著作と合わせて、長いあいだ私の情報源となっている。

(4)　ポール・ホーケン、エイモリ・B・ロビンス、L・ハンター・ロビンス著、佐和隆光監訳、小幡すぎ子訳『自然資本の経済――「成長の限界」を突破する新産業革命』日本経済新聞社、二〇〇一年、参照。単位あたりの価値または利益でエネルギーと資源の使用量を四分の一から一〇分の一まで削減したビジネス事例が紹介されている。

(5)　オーストラリアの持続可能な農業の革新は、一八八〇～九〇年代、一九三〇年代、四〇年代、七〇年代以降の経済停滞期(多かれ少なかれ農村地域の停滞が継続している)に集中し、一九五〇年代や六〇年代の経済好調期には逆に停滞した。こうした環境運動や社会運動は、近年のそうした運動と同様、対抗文化運動の継続的なつながりの一部である。

序章　パーマカルチャーの考え方

1　パーマカルチャーとは何か

パーマカルチャーの思想

パーマカルチャーは、一九七〇年代なかばに私がビル・モリソンとともに生み出した言葉である。その意味するところは次のとおりだ。

「動物と多年生植物を人間が利用するために組み合わせた、常に進化するシステム」

『パーマカルチャー・ワン』でも暗に示したが、最近ではより広く、「食物や繊維、エネルギーなど身近な必要性を満たすために、自然の中に見られるパターンや関係を参考にして、環境を意識的にデザインすること」と解釈されるようになった。人間とその文化、それらの自己組織化がパーマカルチャーの最大の関心事項となったのである。それにつれて、「永続的(持続的)な農業」というビジョンは「永続的(持続的)な文化」をめざすものへと進化してきた。

デザイン・システムとしてのパーマカルチャー

私も含めて多くの人びとにとって、視野がグローバルに広がりすぎたために、パーマカルチャーの概念の有効性が薄れてしまった。私自身は、パーマカルチャーとは、システム的な考え方とデザイン原理を用いて「永続的(持続的)な文化」を実現する枠組みであると考えている。人間が他力本願な消費者から脱皮して、責任ある生産

図１　パーマカルチャーの花

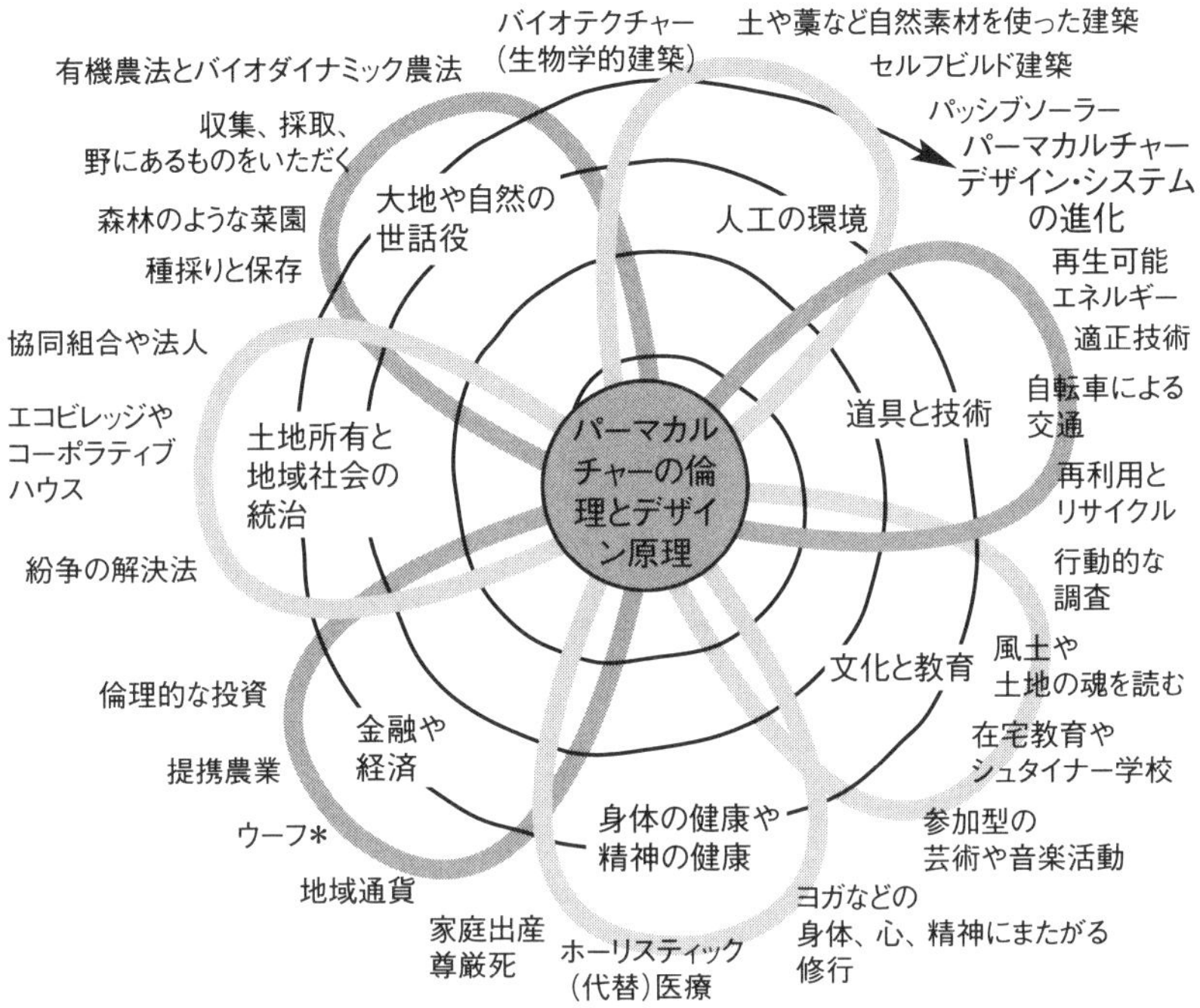

（注）＊は食事・宿泊場所と労働を交換する仕組み。

的な市民に変身するために、これまでに再発見されたり、新しく開発された考え方や技能や暮らし方を広範にまとめあげたものがパーマカルチャーだと言ってよい。

こうした定義からすれば、パーマカルチャーは環境のデザインだけではない。また、有機農業の技術、持続可能な農業、エネルギー効率のよい建物、エコビレッジの開発だけでもない。パーマカルチャーは、個人、家庭、地域社会が持続可能な将来に向け、自らをデザインし、立ち上げ、運営し、改良するために活用できるものだ。

図1には、持続可能な社会を創り出すために転換しなければならない領域が示されている。パーマカルチャーでは昔から、倫理やデザイン原理を抽出する源として、また、それらの原理が適用される領域として、土地や自然の管理が考えられてきた。

いまでは倫理やデザイン原理は、物理的資源やエネルギー資源の領域、そして人間の組織(パーマカルチャーのコースでは、しばしば「見えざる構造」と呼ばれる)など、土地や自然以外の領域にも適用されている。このように広い意味でパーマカルチャーが適用される領域、デザイン・システムや解決方法のいくつかを図1に示した。

倫理と原理から出発して、ぐるぐるとらせん状に進化をとげていく道筋は、パーマカルチャーが個人や地域社会のレベルから出発し、集団的でグローバルなレベルに到達するまで、いくつもの領域を縫い上げていく存在であることを意味している。らせんがクモの巣のように広がっていく様子は、統合過程が一定ではなく、不確実で変化しやすいことを示す。

ネットワークとしてのパーマカルチャー

パーマカルチャーは世界的に広がるネットワークであり、世界各地で実践されている運動でもある。裕福な国でも貧しい国でも個人やグループが参加し、パーマカルチャーのデザインを使った解決方法が実践されてきた。公的な援助や企業の支援を受けることはないが、パーマカルチャー活動家は自分の生活や仕事をデザイン原理に沿って見直すことで、持続可能な将来に向けて大きな貢献をしている。

彼らの生み出す変化は、個人の身のまわりに起こる小さなものではある。しかし、その影響は有機農業や適正技術、地域社会の活性化など持続可能な世界を創り出すためのさまざまな運動に、間接的・直接的に幅広く及んでいる。誕生から三〇年以上を経て、パーマカルチャーはオーストラリアが世界に送り出す「知の輸出品」のなかで、もっとも重要なもののひとつに数えられるようになった。

パーマカルチャー・デザインを学ぶためのコース

世界各地でパーマカルチャー運動を実践する人びとのほとんどは、パーマカルチャー・デザインを学ぶコースを修了している。それは各国で開催され、運動としてのパーマカルチャーを盛り上げる働きも果たしてきた。コースのカリキュラムは一九八四年に体系化されたが、教える人間によっていろいろな形に変化し、形式も内容も地域ごとに異なるパーマカルチャーが教えられている。私が定期的に教えるようになったのは一九九〇年代初めからだ。カリキュラムにはもとづくものの、自分自身の理解、経験や優先順位を強調し、教える内容もいろいろ自由に変えてきた。その一方で、パーマカルチャーの教え方をめぐる議論にも参加している。

コース内容をめぐる議論は近年、激しさを増してきた。ビル・モリソンなどはパーマカルチャー教育がカリキュラムから逸脱し、デザイン科学以外の宗教的な内容に言及したり、原理や理論を軽視するなら、その意義は薄れ、価値も低くなると指摘している。私自身もいくつかのコースについて、同様な意見だ。ただし、レベルの維持と多様さの恩恵とは、常に天秤にかけられるべきだと思う。雑草がそうであるように、物ごとはいつでもすべて自分の好みどおりの形で表れるとは限らない。多様さは、尊重されなくてはならない。

ほとんどの国では、デザイン・コースを修了するとか、何らかの形でパーマカルチャーに関わる人を除いて、その概念を知る人はあまり多くない。ただし、オーストラリアではパーマカルチャーの歴史が長く、いろいろな環境保護運動のなかでもそれなりの影響力をもち、マスコミにもある程度取り上げられてきたおかげで、一般にもよく知られている。

パーマカルチャーがガーデニングのシステムであるとか対抗文化的なライフスタイルであると一般に受け入れられることは、プラスとマイナスの効果がある。それは本書で取り上げるように、パーマカルチャーを理解したり、評価する文脈となる。

ガーデニングとしてのパーマカルチャー

オーストラリアでは、パーマカルチャーはガーデニングの方法、常識や環境をわきまえたライフスタイルと一般には考えられてきた。テレビのガーデニング番組、簡単にできるＤＩＹの本やビデオ、地元の学校を中心とした活動、市民菜園、地域通貨システム、大学の園芸学科の選択科目などで取り上げられ、関心は高まっている。人間の必要を持続可能な方法で満たすためには、ある種の文化革命が必要となる。しかし、正面切ってそんなことを言えば、人びとの反発を呼ぶだけで、革命につながる生産的なステップは妨げられてしまうだろう。パーマカルチャーは、革命的な思想にはつきものの障害や反感を回避できた。

パーマカルチャー運動とパーマカルチャーに対して一般の人が抱く理解は、草の根的なプロセスを積極的に利用すれば、複雑で抽象的・革命的な思想も影響力をもちうることを示している。持続可能な社会の建設は、リオデジャネイロで一九九二年に行われた地球サミットのような上から押し付けるやり方では、ほとんどの場合うまくいかない。パーマカルチャーの成功は、トップダウンに代わる方法があることを示している。

対抗文化としてのパーマカルチャー

パーマカルチャー運動が定期的に会合を開き、機関誌やニュースレターを発行し、地方組織のあるカウンター・カルチャー的な生活様式のひとつとして受け取られることには、積極的な意味もある。生活や価値観を再編成し、根本的な変化を起こそうと自発的に考えるのは、限られた数の人びとにすぎない。パーマカルチャーはそれらの人びとに、物ごとを全体論的に捉える枠組みを与えてきた。消費文化に染まり切った保守的な若者文化に満足しない二〇世紀後半の若者たちなどが、とくにそうだ。

パーマカルチャーは環境や社会を蝕む害悪との戦いにおける希望の灯だと受けとめる人もいる。デザイン・コース、なかでも二週間の合宿形式のコースは帰属意識を高め、参加者の生活に焦点をあて、基本的な変化を駆り立てるうえで大きな効果を発揮してきた。パーマカルチャーにはサブカルチャーやカウンター・カルチャーとしての性格があるおかげで、生態学的な変化を求められている生活スタイルにおいて、先進的かつ実験的なモデルを生み出すことができた。

学者、専門家、政策立案者からの反応

一般社会からの反応に比べると、学者や専門家、政策立案者からの反応はさまざまである。

一九七〇年代後半に、生態学的な考え方の倫理や実際的・哲学的・技術的な側面を統合しようと試みた数少ない学者や専門家は、『パーマカルチャー・ワン』をある種の熱意をもって迎えた。アルケミー研究所のアール・バーンハートは、「パーマカルチャーは賢明で持続可能な将来社会に概念的な枠組みを提供する」と評したものだ。一方で、ビル・モリソンが言うように、大半の「専門家たちは憤激した。私たちが建築と生物学を組み合わせたり、農業と林業、林業と動物飼育を組み合わせたものだから、自分をその道の専門家だとみなす人は、ほとんどみんな感情を傷つけられた」。

パーマカルチャーは、学究の場から生み出された。そのためか、大規模農業や土地利用政策に関わる人たちは、従来の社会環境、市場や政策の現場にそぐわないというだけで、頭でっかちな理論であり、空想的で非現実

的だと決めつけた。だが、パーマカルチャー運動が発展するにつれ、社会学・政治学・教育学から生態学・農学に至るまで、パーマカルチャーそのものが研究の対象となってきた。パーマカルチャーの文献や研究を用いる大学教授もいる。一九九二年には「持続可能な農業」課程が大学院レベルで初めて設置され、ひとつの科目は私の編纂したパーマカルチャーに当てられた。

このほかにも、パーマカルチャーの発展と普及の最前線に学者が関わっている。パーマカルチャーを持続可能性の概念やアイデアの広がりのなかにしっかり位置づけたのは、スチュアート・ヒル教授の功績だ。持続可能な農業におけるジレンマについて、彼の「ディープな持続可能性」という視点は、パーマカルチャーが唱える個人的な変革、ボトムアップな変革戦略を補強する。

「私の状況分析は単に政治的なだけでなく、社会心理的なものである。こうした見方が受け入れられにくいのは、まさにそこにある。私なら、他人のせいばかりにするのではなく、少なくとも自分自身で責任を認識し、行動を起こし、自らを変えようとするだろう。社会に不公平や抑圧が存在しないというのではなく、それらを野放しにしておいてよいというのでもない。私が言いたいのは、不公平や抑圧は集団や個人の行動パターンから生まれるものであり、それを変えないかぎり、かけがえのない地球、社会、個人の健康は損なわれてしまうだろうということだ。加えて、一人ひとりが自分の行動の価値をはっきり理解し、十分に意識して、自信をもつようになれば、必要とされる構造的・制度的な変化も生まれやすくなるだろう。個人が変わらずに、社会の制度や構造をいじっても、抜本的な解決にはなりえない。せいぜい持続可能性をいくらか高め、劣化をいくらか改善するだけだろう」

ヒル教授の見解は、自身の「生態的な農業」の経験と、カナダのマクギル大学における昆虫研究、そして世界各地で行われている有機農業はじめ生態的農業の実践に関する知識をもとに導かれたものである。

正式な高等教育の場で、園芸学科などの選択科目として取り入れられたおかげで、パーマカルチャーは学生のあいだではある程度認知されてきた。しかし、学問の場では、知的な厳格さに欠ける大衆主義的なイメージのために、依然として深遠な概念とは受け取られていない。

パーマカルチャーが学問の場で警戒されるのは、ビル・モリソンの性格に起因する部分もある。彼にはカリスマはあるが、エゴをむき出しに議論を吹っかけるような態度はマスコミの格好の餌食となった。「的はずれだが、優れたアイデアをもつエキセントリックなおじさん」というイメージが一般受けし、パーマカルチャー信奉者にとって、「グル」(指導者)のような存在に祭り上げられた。マスコミのそうした取り上げ方だけで、反射的に疑いをもち、拒否する人も多い。

加えて、ビルは他人の先入観を打ち砕き、自分が言いたいことを伝えるために、しばしば常軌を逸するようなコメントを平気でした。それが科学や学問分野の人間の神経を逆撫でする。科学者や研究者は、それでなくとも全体論的なアプローチに疑いをもっており、部外者が自分の専門領域を踏み荒らすのを快く思わないものだ。

過剰な露出

パーマカルチャー・デザインのなかには、後になってから、未成熟で方向が間違っていたり、非生産的であることがわかったものもある。アイデアは正しくても、資金繰りがつかなかったり、情報や技能が欠けていたために実現しなかったことも多い。雑誌『イン・コンテクスト』の編集者、ロバート・ギルマンは、証明される前から派手に宣伝されると、社会は「どんなにアイデアがよくても反発して」しまうものだと言う。環境や倫理にほとんど無頓着で、パーマカルチャーのデザインの表面だけを流用し、信用を得た大規模プロジェクトもしばしば見られる。

パーマカルチャーが急速に社会に浸透した結果、概念の知的な発達が混乱し、短絡化した可能性もある。これは「持続可能な発展」という概念と比較してみればよくわかる。「持続可能な発展」は、急速に国際的に認知され、企業はこぞってこのフレーズを使うようになり、最終的には何がなんだかわからなくなり、信用を失った。アイデアがどんな道筋をたどるにせよ、生き長らえて効果を発揮するためには、学問の場の外でもまれなければならない。

2　パーマカルチャーの原理

リスト化と発展

『パーマカルチャー・ワン』で、ビル・モリソンと私はデザイン理論とその適応例を紹介したが、原理はまだリスト化されていない。種から芽が出て、相互依存する根が生え出し、幹や枝が育っていく「パーマカルチャーの木」(図2)が、原理を紹介するために用いられている。一九八八年にはパーマカルチャーの視野と可能性を百科辞典的に網羅する『Permaculture: A Designer's Manual(パーマカルチャー——設計マニュアル)』が出版された。この本では、第2章と第3章が基礎概念の説明にあてられている。それらは多岐にわたり、洞察的な内容ではあったが、モリソンは原理をリスト化することはなかった。

図２　パーマカルチャーの木

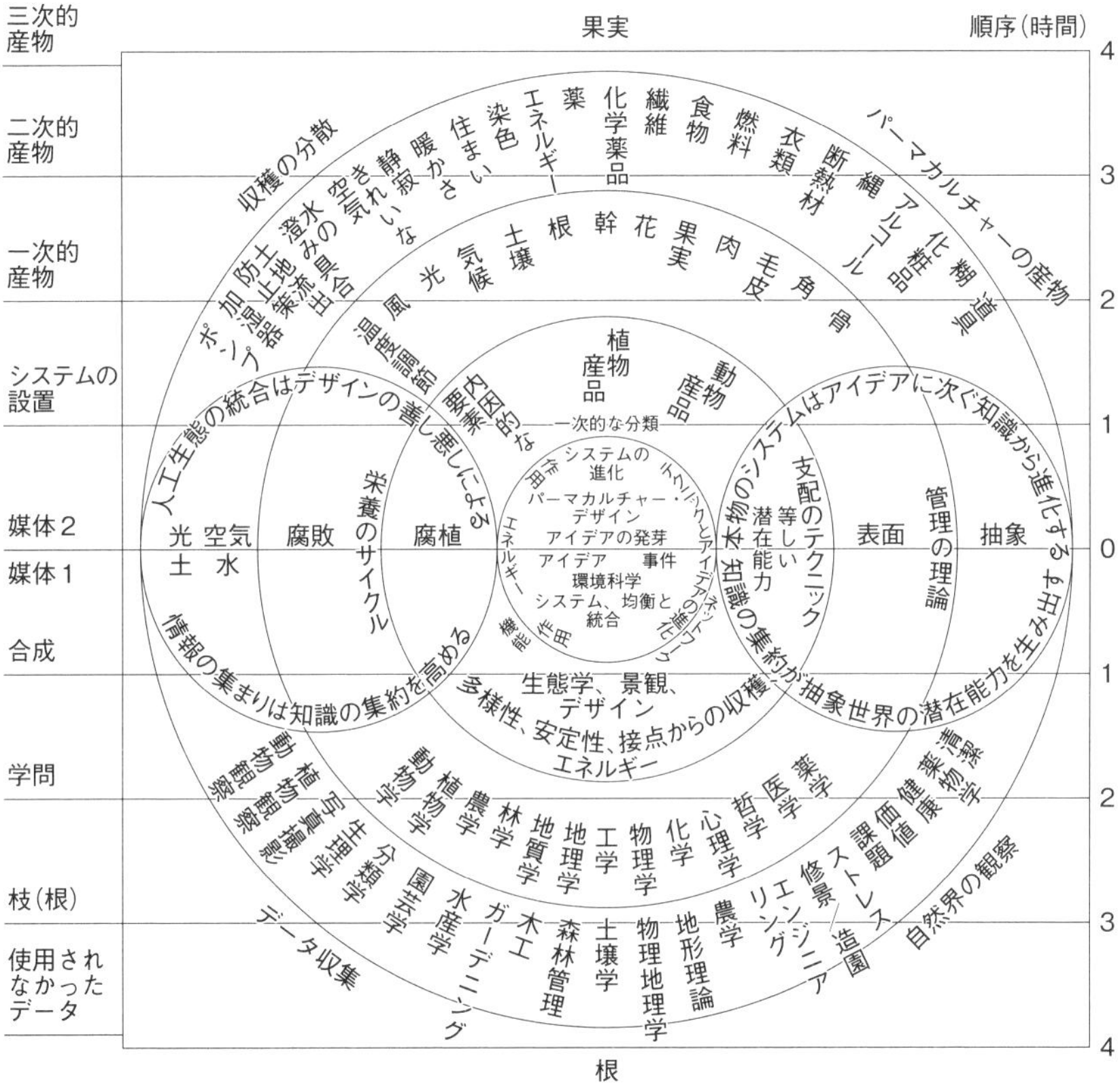

モリソンはその後、一九九一年のレニー・スレイとの共著『Introduction to Permaculture（パーマカルチャー入門）』で、デザイン原理を簡素なリストで提示した。これはアメリカのパーマカルチャー教師、ジョン・キネイがつくったリストにもとづくもので、それ以降たくさんのパーマカルチャー教師に受け入れられ、コースでも使われるようになっていく。

原理の価値と使い方

パーマカルチャーの原理の背後には、自然と産業化以前の持続可能な社会の観察から原理が抽出でき、その原理はこれからの脱産業化社会において土地や資源の持続可能な利用方法を模索するとき、世界のどこにでもあてはまるだろうという考えがある。環境の制約のもとで、人びとの需要を満たしていくためには文化革命が必要になる。革命には混乱や誤った方針、危険や効率の悪さがつきものだ。文化革命を成就するための時間は、あまり残されていない。そういう歴史的な視野に立てば、広く世界のどこにでも適用可能な原理は魅力的である。

パーマカルチャーの原理は、簡潔な文章やスローガンで表される。それは、生態学的なサポート・システムをデザインしたり進化するためにさまざまな選択肢を検討するときのチェックリストになる。この原理は万国共通に適用できるが、それぞれの場所と状況によって具体化は大きく異なる。また、原理は発展を続けるものであり、**図1**（二七ページ）が示すように、個人、経済、社会、政治の再編成にも適用できる。この原理は倫理とデザインに分けられる。

倫理に関する原理は、「昔からある宗教団体や協同組織に採用されてきた共同体倫理に関する研究」から引き出されたものである。パーマカルチャーが産声をあげてから、倫理、とくに環境に関する倫理は、学問の場や一般社会において活発な研究対象となってきた。こうした関心の高まりは、人類の直面する多面的な危機の中心にあるのが倫理の問題であることを示している。いまでは環境倫理の分野で、パーマカルチャーそのものが研究の対象となっている。

パーマカルチャーの倫理の基盤はとてもシンプルで、環境倫理に言及するわけでもなく、一般の哲学にも依拠しないので、倫理的にも実践面でも危険だと道徳哲学者が指摘する場合さえある。歴史を軽視すれば過去の失敗を繰り返すという意見に異をはさむつもりはないが、一人ひとりが現実の世界で全人格的な存在へ向けて成長しようと行動を起こさなければ、そうした倫理の枠組みにあまり価値があるとは思えない。哲学的な思考を人間から遠ざけることは、哲学や倫理の歴史を無視するのと同じくらい危険である。

近代社会は不確実で、疑問だらけであり、簡潔なパーマカルチャーの倫理がいろいろに解釈されることはやむをえない。私自身のパーマカルチャー倫理の理解は、『パーマカルチャー・ワン』出版前後に入手した情報にもとづいている。環境倫理にもっと精通していれば、同じような思考をより幅広い文脈で表現したかもしれない。

本書では倫理に関する原理とその適用をはっきりと説明するため、私は危険を顧みず、哲学の地雷原を歩むつもりだ。パーマカルチャーにこめられる倫理的な概念をくっきりとあぶり出し、その理解を助けるために、エネルギーやシステム理論を本書では使っている。そうした方法は危険で断定的すぎると批判する学者は多いだろう。倫理に関する原理とデザイン原理に関する私の解釈をめぐっては、パーマカルチャー運動の内部からも、不快の声があがる。しかし、そうした不快感、とくに倫理をめぐる不快感は、イデオロギーにこり固まるよりもずっとましだと思う。そう信じながら、自分の考えを本書に書き綴っていこう。

デザイン原理

パーマカルチャーのデザイン原理の科学的な基盤は、近代科学のひとつである生態学、とくにシステム生態学だ。パーマカルチャー概念の発展には、そのほか環境地理学や民族生物学［人類学と生物学を軸に、人間、生物相と環境のダイナミックな関係を研究する学問］などの学問領域が貢献してきた。デザイン原理は、システム思考やデザイン思考と呼ばれる世界観から生まれている（原理１「まず観察、それから相互作用」参照）。システム思考やデザイン思考に触発された例には、パーマカルチャー以外にも以下のようなものがある。

①スチュアート・ブランドが編集した『Whole Earth Catalogue（全地球カタログ）』［一九六八年に創刊された不定

期刊のカタログ誌。「貪欲であれ、愚かであれ」をモットーに、サバイバル術から際物《きわもの》科学、オルタナティブな建築、自然エネルギーの活用から有機農法、スピリチュアル哲学など、いわゆる対抗文化を網羅する内容で、アップル社設立者のスティーブ・ジョブズなど多くの若者に大きな影響を与えた」と、それを継承した『Whole Earth Review(ホール・アース・レヴュー)』[『全地球カタログ』の精神を受け継ぎ、ガイア説からパソコンまで、その後の社会に広く受け入れられるアイデアを取り上げる記事が掲載された季刊誌。一九七四年創刊の『コエボリューション』を一九八五年に改名]は、パーマカルチャーもその一翼を担う文化革命の中心的な道具として、システム思考やデザイン思考を世間に広めた。

②「水平思考」でよく知られるエドワード・デ・ボノの思想[既成の理論や概念にとらわれた垂直思考に頼らず、直感的で斬新な発想で問題の解決に取り組もうとする考え方。一九六七年ごろに提唱した]も、広い意味で、システム思考、デザイン思考とみなすことができる。

③学問の領域としてのサイバネティックスと同じように、システム思考も深遠でむずかしいテーマとされるが、ＩＴ技術が発達するにつれ、それらと密接に関連して捉えられるようになった。

このようにシステム思考は近代社会で非常に強力な形で応用されているものの、人間の考え方を日常のレベルで基本的に変えるまでには至っていない。肉体労働者や鉱夫、エンジニアや教員などの職を経て、定年を間近に控えた米国人の学者から、「システム思考をパーマカルチャーの文脈で教えられるのか」と質問されたことがある。組織を取り扱うシステム思考を教えてきたその学者は、そういう考え方は生まれつきのものであり、教えても教えられるものではないと考えるようになったそうだ。彼の経験によれば、システム思考は啓蒙的で力を与えてくれはするものの、たいていの人は単純な理解で満足し、全体を広く捉えて考えようとはしないという。複雑なことはその都度対処すればいい、という態度だというわけだ。

パーマカルチャー概念とそのデザイン原理は、生態学者のハワード・オーダムを除き、広く文献にあたった学究の産物ではない。システム思考にしても、「時代の空気」のなかに浮遊していたものにたまたま出会ったとき、自分の経験と照らして、ぴったりくるから、楽観的に受け入れたまでだ。システム思考が教える洞察は抽象的で難解だが、ほとんどは伝統的社会で伝えられている寓話や神話と変わらない。

パーマカルチャーの原理は倫理に関してもデザインに関しても、私たちのまわりで現実に機能している。これらの原理が近代産業文化のなかに含まれておらず、もしくは近代産業文化と矛盾するからといって、これからのエネルギー下降時代［ハワード・オーダムはエリザベス・オーダムとの共著『Prosperous Way Down（豊潤な下り方）』（二〇〇一年）で、ピークオイル以後の社会が得られるエネルギーが減少する下り坂の時代について分析した。世界的に広がるトランジション・タウン運動も、エネルギー下降時代に備えるための運動として始まった］に、広く普遍的な有効性をもたないとは言えない。

それらの原理は簡潔なリストとして教えられることが多い。文献やコース、ウエブサイトなどを見れば、原理についてさまざまなアプローチがあり、ときにはその解釈や適用をめぐって混乱があることもわかるだろう。パーマカルチャーに触発されたというプロジェクトやプロセスのなかにも、原理を通り一遍になぞるようにしか扱っていないものがたくさんあり、原理を応用することのむずかしさを示している。

パーマカルチャーによって、原理を反映する画期的な解決法が広く使われるようになったのは事実である。だが、その解決を生み出すシステム思考やデザイン思考が広く波及したわけではない。原理のリストは有効ではあっても、不断の見直しが必要だ。さらに明断にしていかなければ、創造的な解決方法を容易に見つけ出す助けにはならない。過去二五年にわたってパーマカルチャーが提示してきた解決方法の背後にある考え方を集約し、私なりに解説をしたものが、本書である。

パーマカルチャーの広範な思想を、本書では一二のデザイン原理のもとに整理した。それらの原理は、パーマカルチャー・コースで普通に用いられるリストとは異なる。強調する点が違ったり、整理の仕方が違うだけのものもあれば、中味が違うものもある。パーマカルチャーは新しい思想であり、発展途上にあることを考えれば、これは驚くには当たらない。

図３　パーマカルチャーのゾーンとセクターによる分析

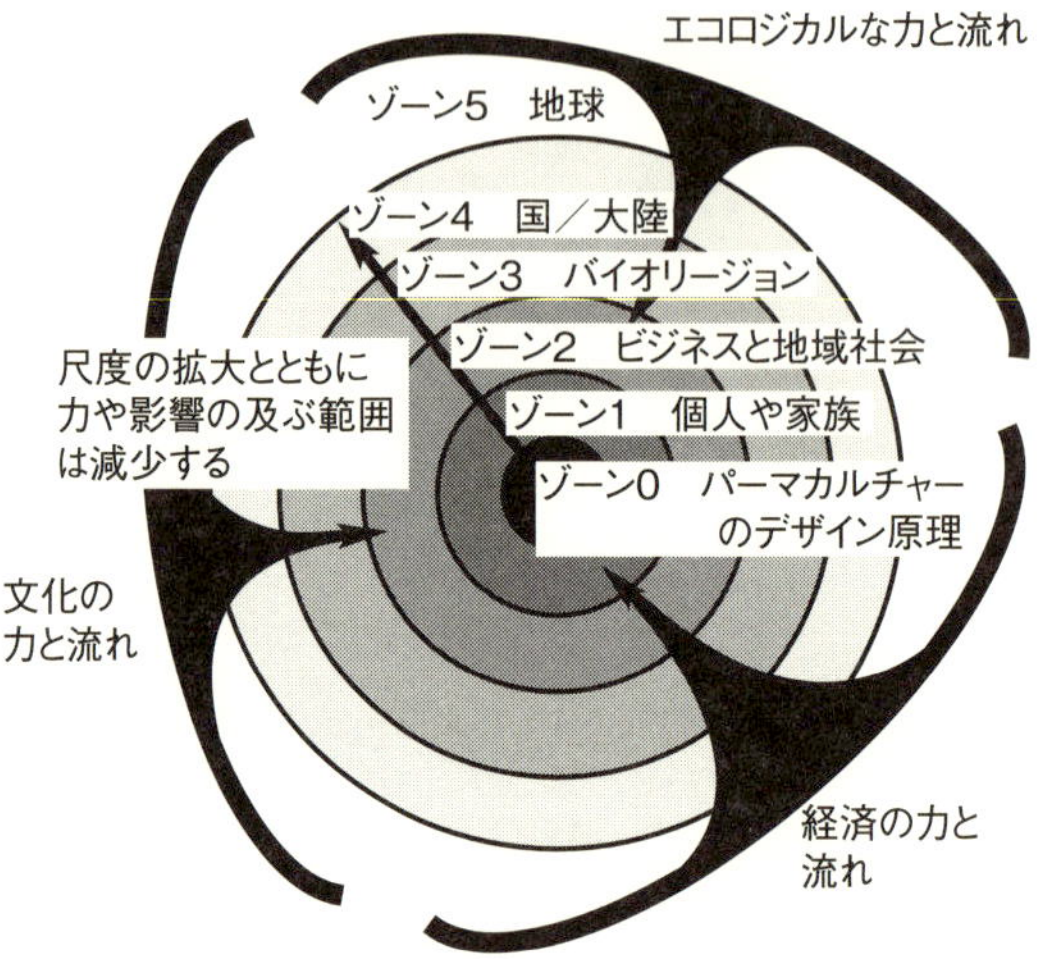

3　ゾーンとセクターの考え方

パーマカルチャー式に敷地をデザインするとき、数多い選択肢を理解するのにもっとも広く応用されるのは、ゾーンとセクターの概念だ（原理７「デザイン——パターンから詳細へ」（下巻）参照）。図３はパーマカルチャーにおけるゾーンとセクターの概念をメタ分析［分析したものを対象として分析すること］したものである。この図では、影響と力が及ぶゾーンが一人ひとりの個人から出発して、地球規模へと広がっている。

①ゾーンは物理的で地理的であると同時に、概念的でもある。ゾーンはがっちりとして強固な中核から発し、得体が知れない、ぼんやりとした領域にまで広がっている。あるゾーンで効果的な特定の戦略や方法が、他のゾーンでも有効だとは限らない。

②外部エネルギーの力、外部からの物質の流れを示すセクターはメタ・システム［システムを理解するためのシステム］に浸透し、支えたり抑制したり、影響や損害を及ぼす。場所や概念のデザインによって、それらの力や流れが集中し、増大し、改善できる。しかし、外部エネルギーの力や物質の流れのダイナミックな動きに対して人間の影響力は限られていることも、理解しておかなければならない。

パーマカルチャーのデザインによって土地への理解が深まり、適格な判断ができるように、このメタ分析図を使えば、自分の暮らす世界がよりよく理解でき、自分自身と将来のためにどんな行動をすればよいのかもわかるようになるだろう。

4　パーマカルチャーは持続可能な文化なのか？

将来についての見方がパーマカルチャーとは違っていても、その原理は日常生活にすぐ取り込むことができ、どんな状況や社会でもすぐに役立てられる。本書の目的と構成で説明したように、私たちの将来ははっきりとせず、持続可能性という言葉の意味も曖昧だ。しかし、過去、現在、未来という文脈の大きな視点を抜きにしては、変化とともに生きられないし、持続可能性も考えられない。いろいろな意味で、本書は現代人が何をしなけ

表１　二つの文化の特徴

特　　徴	産業文化	持続可能な文化
エネルギー基盤	使いきり	再使用可能
モノの流れ	直線的	循環的
自然資源	消費	貯蔵
組織	一極集中的	分散型ネットワーク
規模	大きい	小さい
動き	早い	遅い
フィードバック	積極的	否定的
焦点	中心	周辺
活動	気まぐれな変化	律動する安定
思考	還元主義	全体論的
ジェンダー	男性的	女性的

ればならないのかについて扱うと同時に、現代社会はどんな社会であるのか読み解くものでもある。

持続可能性を理解するひとつの方法は、何から手をつけるべきか、一貫性をもつシステムのセットとして捉えることである。**表1**は、現在最盛期を迎えつつある産業文化と、長期的で生態学的な現実を反映する持続可能な文化の対比である。二つの文化の特徴を二極化して示しているので、表層的になりがちだが、パーマカルチャーが一翼を担う文化的なシフトの基本的で普遍的な性格は捉えやすい。この二極化した文化のあいだのダイナミックなバランスが本書を貫くテーマのひとつであり、パーマカルチャーの原理の説明にも随所で登場する。

①原理９「ゆっくり、小さな解決が一番」(下巻)では、秤《はかり》がバランスをとるイメージを使い、産業文化と持続可能な文化を特徴づける、速度の早いシステムと遅いシステムの非対照的でダイナミックなバランスが検討される。

②原理12「変化には創造的に対応して利用する」(下巻)では、生態系が上昇と下降を繰り返すモデルが二つの文化の比較に使われる。

このように持続可能な文化を捉えた場合の限界は、(パーマカルチャーの原理を適用すれば)すぐにでも、どうにか安定する社会にたどり着けるだろうという幻想を生み出すことだ。人口が減少して、再生可能エネルギーを基礎とする社会が築かれるのは、数百年も先の話である。ところが、それくらい生きる樹木はあるし、きちんと建てられて、しっかり手入れされた建物も、そのくらいはもつだろう。数百年にわたって続く大学も存在する。皮肉なことに、低エネルギーで持続可能な文化を説明するほうが、そこへどうやって到達するかを説明するよりずっと簡単だ。

図4 化石エネルギーの消費量に沿う文化の大きな変遷

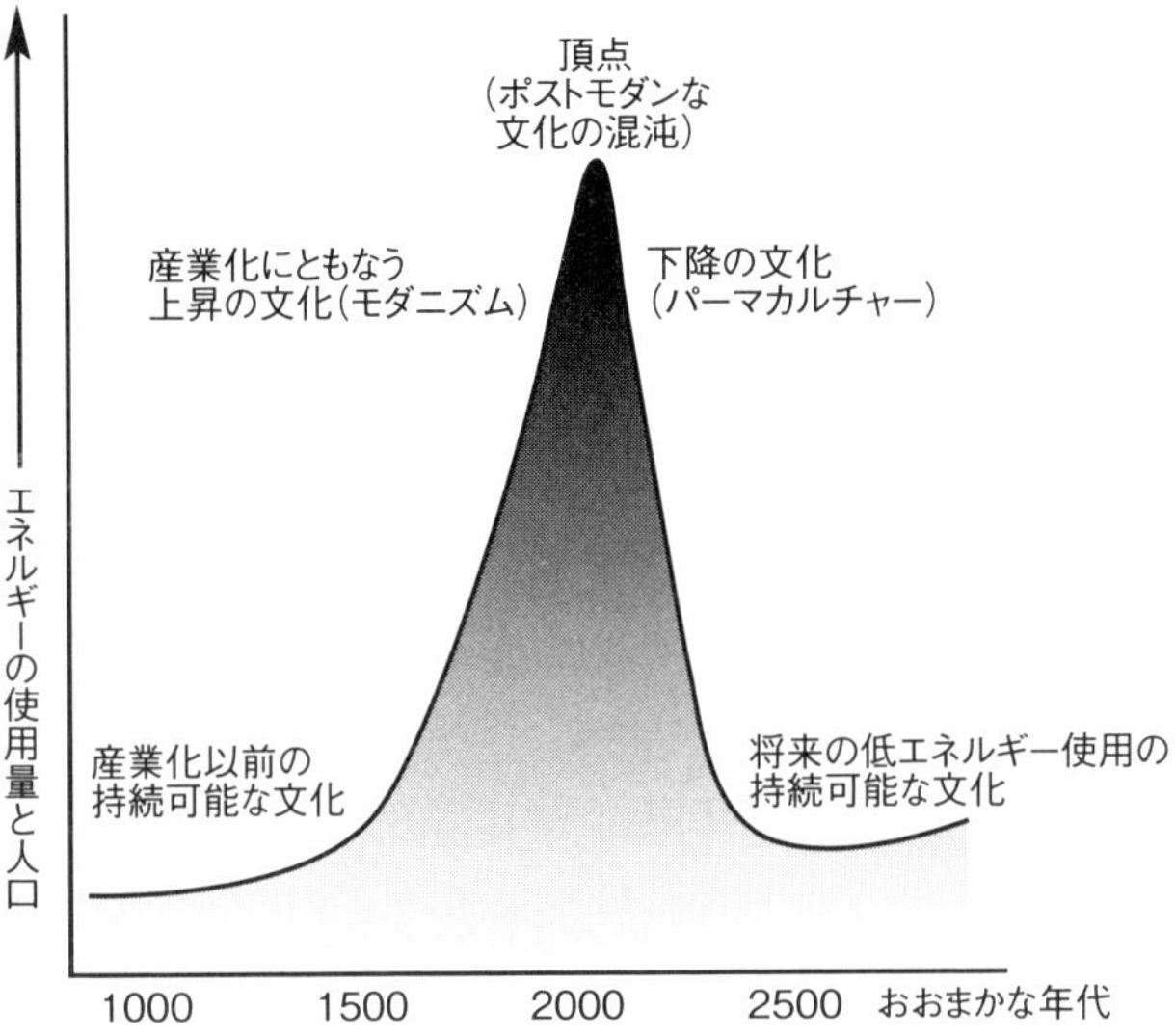

このプロセスは、微生物から経済や宇宙まで、自己組織化するさまざまな規模のシステムがこれまでに経験したダイナミックな変遷の記録、そして、その将来の予測図を見れば、簡単に理解できる。図4はそのひとつで、文明の興隆と衰退を表す(1)。産業文化もパーマカルチャーも、エネルギーの使用量に規定されるという点においては一致している。現在進行中の文化と経済のグローバル化は混乱の極みであり、人口とエネルギー消費量が増加から減少に向かう変動期にあることを示すものである(2)。哲学や芸術におけるモダニズムとポストモダンの概念も、エネルギーと生態学的な現実と緩やかにではあるが連動している。

下降を積極的な概念として捉えることはむずかしいが、それはこれまでの文化が上昇思考で占められていたことの反映にすぎない。パーマカルチャーでは、生態学的な現実からみて下降は上昇と同じくらい創造的で自然なことであると、心の底から受けとめている。「上がったものは必ず落ちる」という表現は、人間が心のなかではそれを真理として受けとめていることを想起させる。現代社会を取り巻く真の課題は、いかにして倫理的で尊厳のある下降をするかである。

5　持続可能な彼方へ

持続可能性とはいったい何なのだろうか。その定義が揺れているので、企業の宣伝にもうまい具合に取り込まれてしまうのだ。しかし、パーマカルチャーのようなきちんとした概念においても、持続可能な社会の状態やプロセスとしての持続可能性となると、定義は曖昧だ。「持続可能性」「持続可能なシステム」「持続可能なシステム・デザイン」が何を意味するのか、まずエネルギー下降の現実とその規模を受け入れないかぎり、問うこともできない。パーマカルチャーという言葉の中心をなすパーマネンス（永続性）にしても問題がある。

人間社会が持続可能になるということは、（それは歴史的に振り返ってみて初めてわかるものだが）大変動や長期に及ぶ崩壊がなく、人間の物質的な必要が満たされ、何世代にもわたって再生産できる能力が備わっていることを意味する。長い人間の歴史のなかで、現在のエネルギー大量消費社会が一瞬の高揚にすぎないとすれば、どんなに小手先で技術をいじってみても、この社会は持続可能ではないということになる。

パーマカルチャーとは原理であり、持続可能性の彼方への道筋である。とはいえ、持続可能な社会は私たちの時代どころか孫の時代になっても到達できるものではない。現代人にできるのは、そういうナイーブで単純な考え方を捨て、これまで絶えざる変化にもまれた経験を活かし、エネルギー下降の時代に適応することだ。

人類はエネルギー生産の頂点に上り詰めた。山頂からの見晴しはよいが、危険も多い。そう捉えれば、安全な場所へ下っていくのは賢明で魅力的である。登頂には英雄的な努力や幾多の犠牲を必要としたが、一歩一歩上がっていくたびに、わくわくする新しい視界や可能性が開けた。いくつか偽の頂点はあったが、目の前に広がる光景を前にすれば、現在、最高峰にたどり着いたことは間違いない。霧の向こうにまだ高い頂きがあるという人もいるが、天候は悪化し始めた。

山頂から見渡せば、私たちは驚きと荘厳さを再発見し、世界がどうつながっているのか理解できる。だが、もう戯れる時間は残されていない。日がまだ高く、天気がよいうちに、眺望を利用して、下る道筋を探すべきだ。下りは上りよりも危険が大きい。ところどころ平らな場所を見つけてテントを張り、身体を休めたり、嵐をやり過ごしたりしなければならないだろう。

山で過ごした時間があまりに長かったので、人間はずっと向こうの谷間に暮らしていたころのことをほとんど忘れてしまった。わけのわからない力によって谷間の家はしだいに破壊されてしまい、人間はそこをあとにした。しかし、再びそこに新しい家を建てるべく、人間は一歩ずつ安全な谷間へ向かっていく。

（1）この図は特定のモデルにもとづく予測ではなく、変化のプロセスを簡素化してわかりやすく表している。
（2）「極み」は、古典的な生態学で使われる持続的な円熟したエコシステムという意味ではなく、一般的な意味で使われている。

パーマカルチャーにおける倫理

1　倫理の枠組みとスピリチュアルな次元

倫理の三つの原理

倫理とは、よい結果に向けて行動を導くための道徳的な原理を意味する。それは、人間の行動を駆り立てる生存本能や自己利益に走りがちな個人や団体の行動を律するものである。倫理は文化のなかで育まれた社会的なメカニズムであり、より高次な意味での自己利益、より包括的な人間社会の理解、そして、結果の良し悪しについての長期的な判断にもとづくものだ。

（エネルギーの使用可能量という意味で）文明が大きな力をもてばもつほど、また社会における権力の集中度と規模が大きくなればなるほど、長期にわたる文化的・生物学的生存を確実にするために、倫理は絶対不可欠となる。エネルギー下降文化を発展させるなかで、倫理をこのように生態学的な機能のひとつとして捉えることは重要である。

パーマカルチャーの初期の文献では、デザイン原理と同様、倫理について明記されていなかった。パーマカルチャー・デザイン・コースの発展にともない、倫理は次の三つの広範な原理に昇華していった。

①地球への配慮
②人びとへの配慮
③余剰の分かち合い、消費と再生産に対する限度の設定

この三つは、伝統的な宗教や協働グループで採用される共同体倫理についての研究から引き出されている。第二原理も第三原理も、最初の原理から導き出されると考えてよい。これらはパーマカルチャー運動などで、簡素ながら比較的疑問の余地のない倫理基盤として教えられ、使われてきた。さらに広く見れば、この三つの原理はあらゆる先住民に共通する。もっとも、先住民の言う「人びと」は、過去二〇〇〇年間に定着した「人びと」という概念よりは狭い意味かもしれないが。

パーマカルチャーが先住民の文化に注目し、学ぼうとするのは、こうした文化が周囲の環境とのバランスを比較的うまく保ち続け、最近の文明社会の数々の試みよりもずっと長く続いてきたからだ。もちろん、倫理的な生活を心がけるとき、文字を持つ文明の生み出した精神や哲学的な伝統の偉大な教えや、啓蒙主義以降の偉大な思想家たちを無視するべきではない。しかし、低エネルギーで持続可能な文化への長い移行期には、より広い視野で価値観や考え方を検討して理解する努力が必要になる。

倫理的な枠組み

ほとんどの哲学者は、思考や価値観が生態学的・経済的・文化的な文脈を抜きには語れないことを承知している。だが、人間の思考と文化において貴重だとみなされるできごとのほとんどが、この数百年のエネルギー状況に突き動かされているという事実を受け入れる者は、めったにいない。個人主義思想が物質的な幸福の源泉であり、結果ではないとする見方などは、とくに疑ってみるべきだ。また、エネルギー生産の上昇とともに発展した信念や価値観は、エネルギーが減少する時代には機能しなくなるだけでなく、破壊的にさえなりかねない。

ほとんどの哲学者は、エネルギーやエコロジーの優位性を否定する。これはデカルト的二元論がいまだに幅をきかせているからで、心と身体、人間と自然、思考と行動、主体と客体が分けて考えられる。物質および生命組織体を単純な構成要素から理解しようとする還元主義の科学もまた、同様の哲学基盤から生じている。還元主義は、産業社会の物理的な現実を説明すると同時に、その基本的なイデオロギーを反映してもいる。哲学的な批判やオルタナティブ(代替案)が出されてはきたものの、エネルギー生産の拡大がもたらす社会の拡散に適していたこともあり、還元主義的な世界観はいまだに支配的である。還元主義の科学によっていろいろなことが達成でき、人類の幸福のために今後も貢献ができるだろうと自惚れているが、実はそれこそが人類の存続を阻む障害のひとつなのだ。

科学の分野においては、弁証法的唯物論[1]、システム理論、デザイン科学など生産的オルタナティブがいくつか現れてきた。真に全体論的な科学の発展が重要である。さもなければ、科学という文化はエネルギー下降という新しい現象の説明も予測もできなくなり、新しい千年期(ミレニアム)には全面否定されてしまうだろう。科学・経済・政治の形成を特徴づける還元主義や合理性への原理主義的なこだわりは、すでに複数のイスラム諸国で起きたような文化革命の可能性を増加させるだろう。エネルギー危機などで人びとの幸福と安全が大幅に脅かされるとき、この種の革命がもっとも起こりやすいのは、おそらく科学的合理主義の中心である米国だろう。

ビル・モリソンは、パーマカルチャーを総合的なデザイン科学であると定義した。この簡潔な定義で、パーマカルチャーは科学の文化のなかにしっかりと位置づけられた。パーマカルチャーは応用科学であり、長期にわたる人間の物質的な幸福の向上に関わっているといえる。それは、現代文化と伝統文化の双方から戦略と技術を取り入れつつ、実用的な価値の全体論的な統合をめざすものだ。生態学的な視点の活用によって、パーマカルチャーは、現代社会で支配的な還元主義や計量経済学よりも、はるかに広い領域を見据えている。

スピリチュアルな次元

パーマカルチャーを物質主義的で科学的とみなすのはもっともだが、その根底にあるのは生態学的な視点である。自然はより高次元の目的で動いていると信じることは、科学的合理主義以前のあらゆる文化に共通するはっきりとした特徴だ。現代人は危機に瀕しているにもかかわらず、持続可能な文化のこうした側面に目を向けようとしない。

ロバート・テオボールドらによれば、科学と物質主義の成功で人類は歴史的に例のない不調和に陥って、社会には不満が募るようになり、より精神的な価値システムに移行しなければ人類の生存が危うくなっている。システム思考や生態学のレンズをとおして世界を理解すればするほど、スピリチュアルな見方やさまざまな伝統に秘められた叡智に気づくようになる。同様のことは心理学、とりわけユング心理学の分野でも起こってきた。科学は霊的信念との普遍的な融合に向かうことで先進性を獲得する、と示唆する思想家や作家が多い。こうした融合の試みのひとつに、ルドルフ・シュタイナーの霊的科学がある。それは一般社会からほとんど無視されているが、教育(シュタイナー学校)や農業(バイオダイナミック農法)の分野では確実な成果をあげている。

パーマカルチャーが科学的合理主義の文化のなかで生まれ育った人にも人気があるのは、スピリチュアルな次元に依拠しないからだ。一方で、パーマカルチャーを自分たちのスピリチュアルな信念を補強するものであると捉える人びともいる。たとえそうした信念が、地球は生き物であり、何らかの不可知なあり方で意識をもっているとみなす素朴なアニミズムにすぎないとしても、だ。この惑星に住むほとんどの人にとって、スピリチュアルなものと合理的なものは、いまでも何らかの形態で共存している。スピリチュアルな生活が何らかの形で存在することのない持続可能な社会を、はたして想像できるだろうか?

私自身についていえば、無神論者としての生い立ちを誇りに思っている。人道的な価値観が合理的な世界のための倫理の枠組みを決定してきた。同時に、パーマカルチャーのプロジェクトをとおして、私の生活が少しずつ、まだはっきりとはわからないがスピリチュアルな眼差しや理解に向かって引っ張られていることも自覚している。これを証拠がないからといって否定するのは非合理的だ。ただし、パーマカルチャーの倫理原理に対する現在の私自身の解釈は、合理的かつ人道主義の基盤の上にしっかりと立っている。

生態学的な現実を反映した新たなスピリチュアリティの意図的なデザインは非現実的かもしれず、パーマカルチャーの課題をあまりにも拡張しすぎることになるかもしれない。しかしながら、生態学的な基盤から有機的に生まれるスピリチュアリティは、宗教的原理主義と科学的原理主義のあいだで激しさを増している衝突よりは、世界に希望をもたらすだろう。このようなスピリチュアルな融合をデザインするという考えに私自身は消極的だが、出現しつつある物質主義とスピリチュアリティの融合や二極分化のダイナミズムについての理解を助けるために、システム思考の枠組みを援用せずにはいられない。このような融合に積極的で創造的な側面があることは認めるが、それは二極分化の生み出す破壊的で消極的な側面の反映であることも否めないからだ。

図5は、こうした過程にある数えきれないほどの物質主義とスピリチュアリティの応用や運動の広範なパターンを示している。これらの概念的な要素の分類と位置づけは、いくぶん恣意的であり、必ずしも理解する必要はないが、現代のさまざまなコンセプトの嵐のなかにパーマカルチャーを位置づけるのには役立つと考える。

図５　物質主義とスピリチュアリティの融合の創造的な方向と破壊的な方向

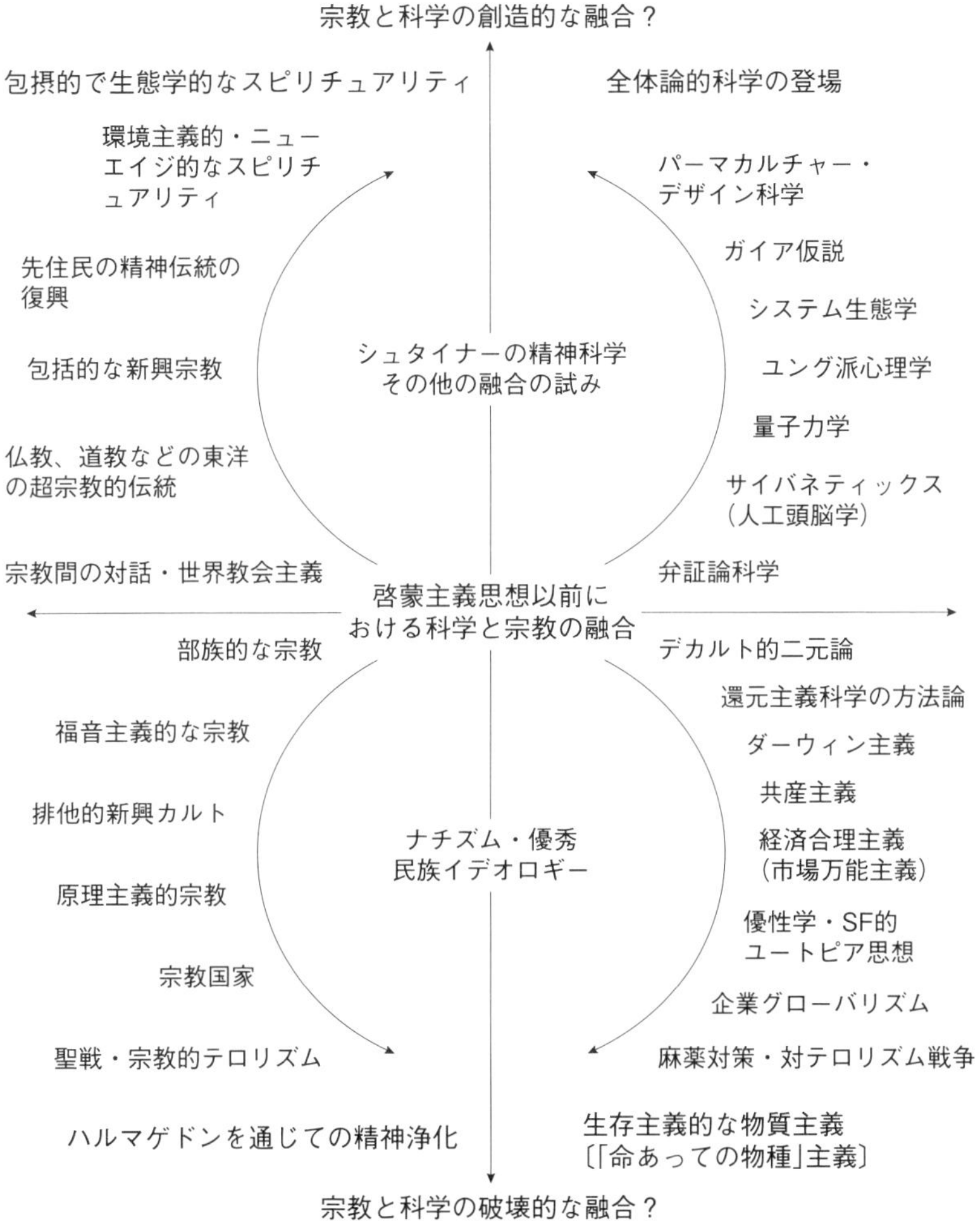
宗教と科学の創造的な融合？
包摂的で生態学的なスピリチュアリティ
全体論的科学の登場
環境主義的・ニューエイジ的なスピリチュアリティ
パーマカルチャー・デザイン科学
ガイア仮説
先住民の精神伝統の復興
システム生態学
シュタイナーの精神科学
その他の融合の試み
包括的な新興宗教
ユング派心理学
量子力学
仏教、道教などの東洋の超宗教的伝統
サイバネティックス（人工頭脳学）
宗教間の対話・世界教会主義
弁証論科学
啓蒙主義思想以前における科学と宗教の融合
部族的な宗教
デカルト的二元論
還元主義科学の方法論
福音主義的な宗教
ダーウィン主義
共産主義
排他的新興カルト
ナチズム・優秀民族イデオロギー
経済合理主義（市場万能主義）
原理主義的宗教
優性学・SF的ユートピア思想
宗教国家
企業グローバリズム
聖戦・宗教的テロリズム
麻薬対策・対テロリズム戦争
ハルマゲドンを通じての精神浄化
生存主義的な物質主義
〔「命あっての物種」主義〕
宗教と科学の破壊的な融合？

2　地球への配慮

宇宙船地球号

「地球への配慮」は、しばしば、地球の世話をすることと理解されがちだ。この考え方には、一九六〇年代後半から七〇年代前半に広まった、スチュワート・ブランドによる「宇宙船地球号」の概念が反映されている。これらの概念は、地球規模の環境危機、その他の倫理的な危機の理解を広めるのにかなりの影響があったものの、「われわれ」とは乖離した抽象概念になりがちでもある。さらに、宇宙船地球号には、人間が地球を管理する能力と知恵をもっているという含みもある。

ジェームズ・ラヴロックとリン・マーグリスのガイア仮説[2]は、全体論的システム科学の生き生きとした例を提示した。つまり、地球は自らを組織化しているシステムであることを明らかにしたのである。四〇億年にわたる進化の歴史は、人間が地球の基本的な生命維持システムに深刻な被害を与えるならば、共進化［部分としての生物と全体としての生態系が互いに影響を与え合いながらともに進化すること］のメカニズム（たとえば気候変動や病気など）によって無に帰せられるだろうということを示している。

ガイア仮説はまた、先住民や農耕民のあいだにほぼ普遍的に見られる考え方、すなわち、地球を生きた絶大な力をもつ母とみなす考え方の、カウンターカルチャー的リバイバルをも生み出した。このように地球的なコンテクストから見れば、地球への配慮は、倫理的な制約や畏敬の念ばかりでなく、母に拒まれる怖れや絶滅への怖れにも根ざしていることになる。

生きている土壌

もっとも地に足のついた意味で、地球への配慮は、(地上の)生命の源として生きている土壌の手入れをすることであると解釈できる。この点において、地球への配慮は、より幅広く、より古くからある有機農業運動の科学的・倫理的伝統に立脚している。将来の社会の健康と幸福は土壌を見れば判定できるという考え方には、十分な科学的・歴史的根拠がある。しかし、土への敬いは、もっとわかりやすい「人目を引く」話題がもてはやされるなかで忘れられがちである。

土壌のケアの仕方は、たえず論議の的となる。こうした技術的な問題は、倫理的な問題と深く関連している。自然を支えると同時に人間の必要を満たすために、土壌の能力をどの程度まで改良できるかは、はっきりしない。だが、思慮浅く無節操に土を使えば生命を支える能力を急速に失うことは確かである。[4]

地球の世話役

土から目を上げ、地上に目を移せば、地球への配慮とは、自分の家や暮らす場所、国や地域社会の面倒をみることである。これは、先住民の文化や最近ではバイオリージョン［人工的な境界ではなく、山や川などで区切られる生態系にもとづく境界によって人間の社会を理解しようとする考え方］の概念にもとづく考え方だ。そして、人間の理解が及び、ある程度の影響を及ぼすことのできる資源の面倒をみる責任が、個人にも社会にもあることを認めるものである。

有機農業に携わり、環境活動家でもあるアメリカ人の作家、ウェンドル・ベリーは、地球の世話役という考え方は自然からの傲慢な分断であり、自らの力に対する過信の産物であるとして、雄弁に批判している。私はオーストラリアのビクトリア州中部にある私たちの家についての本で、彼の以下の言葉を引用した。

「取り組むべき問題は、どうやって地球の世話をするかではない。どうやって地球上の何百万人もの人びとや自然界の隣人たちの面倒をみるか、どうやって何百万区画もの小さな土地の面倒をみるか、である。その世話の仕方一つひとつは、それぞれが他のすべてと異なる、かけがえのない、わくわくするものになるのだ」

世話役という考え方は、たえず問いかけを要求する。私が世話をしたあと、その資源はよりよい状態になるのだろうか?と。現行の法制度の中核をなす土地と天然資源の私有に関する倫理的妥当性を問わずして、このプロセスは推進できない。土地と天然資源の管理は、歴史上いつの時代でも社会の根底をなした。低エネルギー消費の未来社会でも、これらの管理は倫理・政治・文化における大きな問題になるだろう。

先住民の土地の権利と貧しい国ぐににおける農地改革の二つは、現代社会の支配的な倫理観を問い直し続けてきた。地球の世話役という倫理は、西欧の工業文化では当たり前に捉えられる土地の私有という考え方を問い直し、道徳的にも、土地の管理を社会に帰属させる創造的な方法を編み出すことを促すものだ。ただし、過去一〇〇年以上にわたるその努力は、それが簡単な仕事ではないことを示している。

生物多様性

「地球への配慮」は、地球に生息する多種多様なすべての生き物への配慮も含む。この配慮は、それらの生き物が現在われわれの役に立つかどうかには関係ない。すべての生き物が本質的に価値を内在しており、生きている地球の大切な一部分をなしていると認めるのである。他の種に対する配慮の仕方については、環境倫理学者たちのあいだでも多くの議論がなされている。それは、パーマカルチャーや環境運動のなかでも、倫理だけでなく、実際にどうしたらよいのか、はっきりとしないことにも見て取れる。

人間が地球全体の面倒をみることなどできないように、生き物の多様性に配慮する能力も限られている。すべての生き物の運命に責任をもつことなど、人間の能力や知性ではとてもできない。パーマカルチャーが哲学であるならば、それも地に足の着いた実践的な哲学であるならば、生き物への配慮とは、すべての基本として、人間の力と知性に生態学的な制限を設けることである。「生きよ、そして生かせ」という昔からの言い伝えは、害を与えることは極力避けようという慎みある考え方を簡潔に言い表してきた。パーマカルチャーの原理と戦略は、他の生き物がそれら自身のニーズを満たすことを許しながら、われわれのニーズを満たす方法を提示している（原理10「多様性を利用し、尊ぶ」参照）。

動物たち

たとえ厳格な菜食を実践していたとしても、人間のニーズを満たすために他の（個々の）生命を殺すことは避けられない。伝統的なチベット社会では、農民が齧歯類《げっし》［ネズミやリスなど］とオオカミを殺すことは、意識をもつあらゆる生き物の聖性を説く仏教の教えの寛容な例外とされた。一方、自然と切り離された生活をしているほとんどの現代人にとって、すべての生命は神聖であるということに同意するのは簡単である。自分たちの利益のために意識的・無意識的になされる殺戮を、自らの手で行う必要がないからだ。

先住民には、個々の生き物を殺すのは自然な行為であり、生活の一部に含まれると考える者が多い。しかし、群れ全部や種を絶滅させようとする試みは、どんな理由があろうとも、非倫理的であるとみなされる。

今日オーストラリアの科学者たちは、オーストラリア固有の動物たちを絶滅から救うために、遺伝子操作を用いてキツネを不妊にする研究を進めている。これは、一般的には情け深い倫理的なアプローチと考えられている。つまり、啓蒙主義にもとづく個人の権利と価値の考え方を動物にも拡大した見解である。他方、オーストラリア中部に暮らす伝統的アボリジニは、ロバやウサギなどの外来動物は白人が持ち込んだことを知っているが、いまでは「ムウェラニイェ(アランダ族の言葉で「土地に属する」という意味)」とみなしている。アボリジニはこれらの動物を喜んで利用する一方、たくさんの外来動物を殺すことで固有種を守ろうとする環境運動を道徳に反する無駄とみなし、動物の生命に対する不敬であると考える。

これは先住民の伝統的な考え方を示す好例であり、パーマカルチャーの倫理が参考にすべき重要な視点を提供する。私は、他の生き物への配慮を以下のように理解している。

①人間は、あらゆる生き物(種)を、たとえそれらが人間にとって(また人間が価値あるとみなす他の生き物にとって)どんなに不都合なものであったとしても、本来価値をもつものとして受け入れる。

②人間自身の環境への負荷全体の削減[5]が、他のあらゆる生き物に配慮する最良の方法である。環境への負荷を削減すれば、個別の行為が及ぼす無数の影響を理解したり、制限したり、それに責任を負ったりする必要はない。

③他の生命に害を与えたり殺したりするときには、常に意識的に敬意をもって行う。生命を奪いながら、それを利用しないのは、最大の不敬である。

3　人びとへの配慮

第二の倫理「人びとへの配慮」もまた、いろいろなレベルで解釈できる。「人びとへの配慮」に拠って立つパーマカルチャーは、人間のニーズと希望を中心的な関心事とする、人間中心の環境哲学であることを恥じない。なぜなら、人間は自分たち自身の状況に影響を与える力と知性をもっているからである。もっとも狭い意味では、これは、外部の強制力や影響によって生活がコントロールされていると考えるのではなく、自分の置かれている状況に対する責任を個人としてできるかぎり受け入れることを意味する。

パーマカルチャーのアプローチは、非常に絶望的な状況でさえ存在するポジティヴな事柄や機会に目を向ける。第三世界の都市部や農村地帯の貧困層の自立援助において、パーマカルチャーの戦略が効果をあげてきたのは、障害よりも可能性に焦点を当てるというこの姿勢の結果である。

現状を理解するのに、家庭の事情、歴史や政治的な理由を無視するのはあまりにもナイーヴだろうが、これらは苦しみや無力感の原因になりやすい。その一方で、自分たちに比べてもっと恵まれない人びとにとっては、そうした外からの力が人生のコントロールをいっそう困難にしていることを理解するように努力するべきだ。

人間が自分自身の目標や欲望から一歩下がって、必要とするものは人生や自然からおそらく手に入るだろうと考えるなら、個々の結果に感情的に執着しないように勧めるスピリチュアルな信念は有益である。一方で、こうした信念は宿命論を招く可能性もあり、そうなると、実践的課題、ひいては倫理的課題にさえも取り組む必要がなくなってしまう。

自分自身への配慮

「人びとへの配慮」は自分自身についてから始まり、家族、近所の人びと、地域共同体やより大きな共同体を含む輪に広がっていく。この意味で、それはほとんどすべての伝統的な（部族的な）倫理システムのパターンに従っている。これをパーマカルチャーのゾーンとセクターのメタ分析として示したのが、四〇ページの図3である。最大の倫理的関心事は、われわれが最大の力と影響を発揮できる中心である。よいことにより広く貢献できるようにするために、人びとは健康で安定していなければならない。

一見したところ、数の上ではわずかな金持ち以上に、地球の資源を大量に消費する約一〇億人の中産階級にそれが適用される場合には、豊かな国と貧しい国のあいだの著しい貧富の差の無視につながると思われるかもしれない。

中産階級が享受する快適さは、地球の豊かさを強奪し、他の人びと（および未来の世代）から資源を収奪することに根ざしている、というのは事実だ。われわれ自身の「勤勉さ」、経済がもつとされる「創造性」、そして政治体制に備わるとされる「公正さ」はいずれも、われわれの特権を生み出す二義的な要因である。ひとたび、豊かな国と貧しい国、都市部と農村部、そして人的資源と天然資源のあいだに横たわる大規模な構造的不平等が理解されれば、自分自身の必要を充足させることにも別な意味があることがわかる（原理4「自律とフィードバックの活用」参照）。

一人ひとりがグローバル経済への依存度を減らし、家庭や地域の経済で置き換えていけば、現在の不平等の源泉である需要を減らすことになる。つまり、「まず自分自身の面倒をみよ」という考え方は、貪欲になれというのではなく、自立と個人の責任をとおした成長への挑戦を奨励しているのである。

非物質的な幸福

この原理を適用する最良の方法のひとつは、非物質的な価値や恩恵に焦点を当てることだ。映画を見るより夕日を楽しむ、薬を飲むより散歩して健康を維持する、子どもにおもちゃを買い与えるより子どもと一緒に遊ぶ。こうした活動をするとき、物質的な資源を生産したり消費したりしないでも、自分と他者の面倒をみていることになる。

豊かな国では、消費の拡大が幸福の増大につながらないという認識が高まっている。「発展の真の指標」(Genuine Progress Indicator)のようなオルタナティブな幸福の計測によれば、アメリカでは一人あたり消費が大きく増加しているにもかかわらず、一九七八年以降、幸福度は下降し続けてきた。新しい富の多くが、過剰消費や過剰開発の有害な影響を埋め合わせるために使われているからである。モノ(goods)とサービス(services)にではなく、治療という形態のヘルスケア、公害の抑制、犯罪の抑止、訴訟など、無数の害悪(bads)や損害(disservices)に金が使われている。このように、物質的な進歩の限界は構造的であり、環境や政治という外的な理由であるばかりでなく、人間の内面に関わるものである。

貧しい国では、(たとえ、自分の子どもたちにはもっと消費する機会を与えたいと夢見ているとしても)物質以外のものもたらす幸福にもっとも価値があることをほとんどの人が知っている。こうした見方をすれば、自然を気遣うことと自分を気遣うこととのあいだにあるかのように思われる葛藤は緩和されたり、まったく消滅する。

4　余剰の分かち合い、消費と再生産に対する限度の設定

『パーマカルチャー――設計マニュアル』で、ビル・モリソンは「限度の設定」に焦点を当てた。この原理はむしろ、「余剰の再分配」としてより積極的に教えられることが多い。豊かさと制限という一見して相反するメッセージは、自然の豊かさと限界のもつ意味やそれが表すものについて、繰り返し考えるようにわれわれに促す。この二面性は、人生における機会や問題について人間はどう倫理的に対応したらよいのか、と常に問いかけるパラドックスなのである。

自然の豊かさと限界

豊かさを実感するのは、自然(もしくは神)、そして人間の努力の賜物を授かるときだ。この実感はしばしば、外的または内的に制限があるとき、より強く感じる。自然は一年中イチゴを恵んではくれないので、初物のイチゴは格別な味がする。ぜいたくさはすべて、このように機能する。だが、それが日常茶飯になると、恵みを授かる実感は薄れてしまう。豊かさを実感すると、自分の必要性が満たされると信じるかぎり、われわれが直接関わりをもつ地域や人びとの範囲を超えて、余剰を分配しようという気になるものだ。一方、過剰な消費に慣れ、浪費中毒に溺れると、豊かさの感覚もマヒしてしまう。過剰な消費や浪費中毒は、自然と人びとを支配する力を通じてのみ可能になる。

足るを知るという感覚は、世界がどう機能するのかに対する十分な理解から生まれる。人間を含めて自然界のあらゆるものには寿命があり、それぞれの居場所がある。宇宙から見た地球の眺めには、その物質的な限界を理解させる象徴的な力がある。人類の消費の伸びと、絶滅種についての統計は、すべてが増大し続けるのは不可能であると雄弁に告げている。限界の認識は、欠乏からは生まれない。極端な飢餓などの自然災害を除き、欠乏感は文化的な産物である。それはたいていの場合、資源の実際の物理的制約よりも、産業経済と権力によってつくり出されるものなのだ。こうして「つくり出された」欠乏感は、安定をもたらすだろうという希望的観測のもとに、飽くなき消費と再生産を刺激する。

「消費と再生産に対する限度の設定」は、十分とはどんな状態かを考え、ときには厳しい決定を下すことを要求する。自らの運命と能力の限界を受け入れるなら、個人が限度を設けることで世間とのあいだに割のよい取引きを交わすことになる。人間は自ら節制することで、外からの強制や権力が介入する可能性を減らし、自律とセルフ・コントロールを維持できる。公害をまったく出さないという基準を自らに課せば、より複雑で費用のかかる環境監査の規制要件を避けられることに気づいた企業は、その好例だ[6]。

十分とはどんな状態かを考えるには、物質的な獲得を駆り立てるニーズと欲求や、地球のキャパシティ、そしてこうしたニーズや欲求を提供する人たちに目を向けなければならない。エコロジカル・フットプリント[7]は、天然資源への個人の需要を調べ、再編成するための比較的シンプルな方法のひとつである。こうした方法で、人間は限度を設定し、自分の行動をモニターできる。非物質的価値観につながる、啓蒙された自己利益の追求の過程が励みになる場合もある（五九〜六一ページ参照）。それ以外の場合、限界を自ら設定しなければならない。

人口増加の問題は、さまざまな点で悩ましい。おそらく、人類と他の種の長期的な生存を許さないほど、すでに人口過剰である。持続可能性に関するもっとも詳細かつ権威ある研究が、カリブ海の比較的豊かな小国であるコスタリカにおいて、全国規模で実施されている。エコロジカル・フットプリントを使うと、コスタリカは二〇〇二年の消費レベルで、一九八七年の人口の八〇%を持続的に支えられることが示された。これに対して、エネルギー分析では五三%だった。コスタリカは多くの国に比べて裕福だが、一人あたりのエネルギー使用量はアメリカの四分の一である。(8)

倫理という観点から見れば、われわれは、他人が何をなすべきかより、自分たちが何をするのが適切なのかに焦点を当てなければならない。これは、状況がしばしば非常に異なる貧富の差の大きい世界においては、とりわけ重要である。貧しい国では、女性の経済的な安定、妊娠・出産のコントロール、乳児死亡率の低下という三つの条件がそろうと出生率が急速に減少することが、多くの例により明らかになっている。(9)一方、豊かな国ぐにで生まれる子どものほとんどは、消費を加速させる。

豊かな国で人口問題を憂える人にとって、養子や里親が子どもをもちたいという本能を満足させてくれる場合が多い。こうした願望をもつのはおもに女性と思われがちだが、男性にも跡継ぎを大切に思う気持ちは強い。血のつながる子孫だけでなく、すべての子どもたちを人類の後継者とみなせるようになるかどうかは、男性中心的な文化への大きな挑戦である。

余剰の再分配

余剰の再分配とは、われわれの力と責任が及ぶ直接的な範囲を超えて、余った資源を地球や人びとを助けるために分け与えることである。自分自身、家族、共同体、地域を超えて、ニーズの供給の促進や支援のために力を発揮することが求められる。そこには、われわれの寛大さに報いる相互の義務やフィードバックの仕組みはないかもしれない。これは、個人と集団、ローカルとグローバル、現在と未来のあいだにあるかのようにみえる緊張とジレンマについて熟考するためのコンテクストを提供する。それは、私が地球への配慮と人びとへの配慮に関連して提起した問題である。

余暇、余った資源や富で何を支援するかは、比較的裕福な市民にとって、ますます大きな関心事になっている。どんな文化にも、現在・未来の他者の利益になるように余剰を分配するための、さまざまな社会的メカニズムがある。産業化以前の伝統的な社会でも、現代社会においても、余剰の分配は、しばしば税制や教会のような法的・宗教的制度のなかに体系化されていた。今日では、教会や国家の伝統的な制度が権威を失いつつある一方、倫理的な抑制のほとんどない企業体やその他の有力な経済組織が巨大な力をもっている。

こうした背景のもとで、人びとは他者を援助するさまざまな方法を見つけている。海外援助、開発プロジェクト、社会奉仕団体、慈善事業のトラスト運動、ボランティア・ワークやコミュニティ・ワークなどが、その例だ。市場価値のあまりない芸術文化もまた、余剰の再分配の現代的な表現と見ることもできる。余剰の再分配が裕福な現代社会の大きな特徴であるのは、驚くにあたらない。驚くべきは、物質的に貧しい伝統的社会でより多くの物質的富の再分配が行われている。

先住民社会や農村社会では、家族や子孫の必要性をまかなう以上の土地は、すべての生き物を維持する自然の魂を敬う伝統的体系に組み込まれ、維持するために捧げ物や労働が差し出された。農村では、価値のある樹齢の長い木を植樹し、森をつくることは、未来の世代と土地そのもののために、余暇や資源を再分配する古くからのしきたりだった。

近年の有機農業においては、腐植を増やして長期的な地力を回復・向上させることは、次に農地を利用する人によりよい状態で手渡す役目のひとつと見なされる。パーマカルチャーの戦略、そして全体のデザイン原理(たとえば原理2「エネルギーを獲得し、蓄える」)は、地力を長期的に高められるという考えにもとづいている。控えめな土壌保全の考え方では、地力の劣化の防止で倫理的な責任を果たせると捉えるが、パーマカルチャーにおいては、未来世代のために、土壌の生物学的な能力を積極的に向上させ、変容させるために、あらゆる適切な努力を惜しまない。

直接的な損得勘定抜きに、植樹をして地力の回復をめざすことは、パーマカルチャーだけでなく、自然保護運動一般においても中心的な活動となってきた。小さな保護区を設けて、その内部で固有の生態系を維持することは、そうした活動のなかでも、もっとも純粋なものであるが、永続的な管理が必要になる。そうしなければ、保護区の外で進行する生態系の変化に耐え抜くことができないからである。

社会的な奉仕活動や環境保全活動は多くの場合、人びとや自然が本当に必要としている行為を行うというよりも、人間が集団としてもつ罪への贖罪である場合が多い。ときに、与えるという行為は、依存をつくり出す私益追求の隠れ蓑にもなりやすい。社会的領域においても自然の領域においても、利他主義を表すのはむずかしい。とくに現代社会では、重大かつ複雑な倫理の問題である。

倫理的な決定を助ける道具としてのパーマカルチャー

倫理的に生活しようとするときには、特定の状況や背景において何が適切であり実際的であるのかを見極めるための道具が必要になる。その道具は、混沌として変化する状況にも、ある程度耐えうるような価値をもつ、概念的な道具でなければならない。パーマカルチャー、とりわけパーマカルチャーのデザイン原理は、こうした要求に応えうる有用な概念的な道具である。現実に向き合うときに、生態学的な観点から倫理的な判断を下すために、これらの道具がどう使えるのか、本書のパーマカルチャーの原理に関する記述をとおして読者の理解が深まれば本望だ。

(1)　弁証法的唯物論は共産主義体制が崩壊してから不人気であるが、低エネルギーなポスト産業文化にとって有益な哲学的・科学的理解のもっとも重要な批評のひとつである。マルクス思想にみられるエコロジカルな性質についての洞察力あふれる再評価には、『マルクスのエコロジー』(ジョン・ベラミー・フォスター著、渡辺景子訳、こぶし書房、二〇〇四年)がある。

(2)　『サイエンティフィック・アメリカン』誌に掲載を断られたあとに、スチュワート・ブランドが出版した。ガイア仮説については、『地球生命圏——ガイアの科学』(J・ラヴロック著、星川淳訳、工作舎、一九八四年)などラヴロックの著作を参照。

(3)　私は、terrestrial(地上の)という言葉を、「海や空中ではなく土地に属する」という意味で使っている。「原理2：エネルギーを獲得し、蓄える」では、地上の生命体には制約を与えるものの、海洋生態系には必ずしも作用しない力について論じた。海域を旺盛に利用しているとはいえ、人類は地球から逃れられないのと同様に、現実には土地と土壌への依存からも逃れられない。

(4)　多年生植物をもっと利用すれば、一年生作物の栽培に必要な耕作可能な土壌にそれほど依存しないですみ、土壌の限界がそれほど問題にならないとするパーマカルチャーの考え方が、土壌の肥沃さの達成や維持に失敗し、地質のバランスを保てないという問題をパーマカルチャー実践者に生み出した可能性がある。

(5)　エコロジカル・フットプリントやエメルギー分析などの方法については、六三・六四ページを参照。

(6)　『自然資本の経済』(P・ホーケン、A・ロビンス、H・ロビンス著、佐和隆光他訳、日本経済新聞社、二〇〇一年)参照。織物産業などの例が取り上げられている。

（7） マティース・ワケナゲルが考案した、トータルな環境負荷を算出するエコロジカル・フットプリントは、エメルギー分析ほど厳密ではないが、ずっと簡単に適用でき、広く普及している。

（8） エメルギーとは、一つのものを作ったり、エネルギーを利用するために投入されるエネルギーの総量を意味する。英語ではエネルギー（Energy）と読み違えないように大文字（EMERGY）で表記される。「包含されたエネルギー」はさまざまな方法で計測されるが、エメルギーよりも一般的に知られている。さまざまな計測方法のもたらす差異がそれほど重要ではない場合、結論をわかりやすくするために、本書では「包括されたエネルギー」という一般的な用語を用いる。

（9） 地球の持続可能性にとっては、貧困層による出産の増加よりも富裕層の消費のほうが大きな問題だという指摘もある。

原理１

まず観察、それから相互作用

たで食う虫も好き好き

よいデザインには、自然と人間のあいだに自由で調和のとれた関係がある。注意深く観察し、思慮のある相互作用を行えば、多様性に富むデザインのパターンが生まれる。それは、観察対象とのたえまない相互作用の関係からしか生まれない。パーマカルチャーとは、エネルギー下降への道筋を意識的にデザインすることだ。

狩猟・採集社会や人口密度の低い農業社会では、必要なものはほとんど自然環境から得られた。人間の労働が求められるのは、収穫時くらいである。産業化以前の人口密度の高い社会では、農業生産に大量の労働力を継続的に投入しなければならなかった[1]。一方、工業社会では、食料をはじめモノとサービスを供給するために、大量の化石燃料を継続的に投入しなければならない。パーマカルチャーのデザインでは、単純な反復作業を減らし、非再生可能エネルギーや高度技術への依存を減らそうと心がける。つまり、伝統的農業は労働集約的、工業的農業はエネルギー集約的であるのに対し、パーマカルチャーは情報・デザイン集約的なのだ。

間接的で副次的な観察や解釈があふれる現代は、間接的な情報の洪水を選別し、理解しなければならない。さらに、(あらゆる形態の)観察技術を更新し、磨きをかけることが急務である。科学と技術で専門知識の新たな領域を征服するよりも、観察技術に磨きをかけ、思慮に富む相互作用を行うほうが、創造的な解決法につながる確率が高い。

この原理のアイコンは、樹木の形をした人間である。自然の中に存在し、自然によって変化する人間の本性を表している。それは、解決法を自然の中に発見する糸口、鍵穴のようにも見える。「たで食う虫も好き好き」ということわざにこめられるのは、観察する行為そのものが相対的に観察される現実に影響を与え、絶対的な真理や価値についてはいつも疑ってかからなければならないということだ。

1　観察、認識、相互作用

あらゆる理解の鍵は、継続的な観察をとおしてパターンを認識し、細部を評価することである。パターンや細部の観察が、芸術、科学、そしてデザインの源である。自然界、とくに生物界では、複雑で高額な技術の助けを借りなくても、比類なき豊かさで、観察対象となるパターンや詳細を観察できる。パターンや詳細を見れば、大量のエネルギーを投入せずに人間の生活を支えられるシステムをデザインでき、たくさんのモデルも見つかるだろう。

入念な観察は、技術の発展で急速に失われつつある人間のもっとも基本的な能力を再生する基礎にもなる。たとえば、赤ん坊がうんちをするパターンを観察し、適切な時期におまるに座らせてやれば、トイレのしつけは小さいうちに簡単にでき、途方もない労力、水やエネルギーの節約になる。地理情報システム（ＧＩＳ）は非常に便利な反面、地形を読む能力の不足を隠したり補うことにもなる。

観察や解釈を続けても、その対象と相互作用しなければ、まったく価値はない。相互作用の結果、観察対象は生き生きとしたものとなり、人間の信念や行動が理解の道具になりうることにも気づくだろう。観察者と対象の相互作用は、デザインの前段階とも考えられる。観察と相互作用を積み重ねれば、既存のシステムに注意深く介入したり、新たなシステムを創造的にデザインするために不可欠な技術や知恵が得られる。

2　思考革命とデザイン革命

直観力・想像力・もう一つの可能性

情報経済の出現は、よく知られるところである。モノの動きを方向づけ、整理する情報と知識システムが今日、最大の価値と権力を有している。その典型がコンピュータだ。しかし、私たちの思考の変化、なかでもデザイン思考の出現は、ハードウエアやソフトウエアより情報経済にとって重要である。パーマカルチャー自体、この思考革命の一部だ(2)。

思考革命においてとくに重要なのは、読み書きや計算の能力と並ぶ普遍的な技能としてのデザインの出現である。単に、私たちがデザインし始めたということではない。むしろ、デザインの重要さに気づき、その技術の向上に意識を向け始めたということだ。デザインは人間にとっても自然にとっても基本ではあるが、その定義は非常にむずかしい。ヴィクター・パパネックは、「意味ある秩序を与えるための意識的で直観的な作業」と定義している。つまり、デザインは単に理性的・分析的で還元主義的な思考の結果であるだけでなく、調和を読み取る直観的な能力にも関わっている点が重要なのである。

デザインには、新たに適応したり変化できる能力、将来の可能性などを思い描く想像力が必要になる。さらに、自然や人間が生み出したモデル（過去や現在の解決法と選択肢）を熟知しなければならない。デザインを考えるうえでもう一つ重要な側面は、オルタナティブな可能性について思いをめぐらせることである。もっとも創造的なデザインとは、見るからにつながりがなく、調和に欠けるような素材から新たな調和を創り出すものである。パパネックの「意味ある秩序を与える」という言葉には、「神を気取る」危険性すらもつデザインの本性が示されている。スチュワート・ブランドが『全地球カタログ』で述べたように、「われわれは神様にもなれるのだから、きちんと振る舞いたい」のだ。

システム生態学の観点からすると、「自然任せのデザイン」は単なる比喩ではない。それは、生物界はもとより、宇宙のあらゆるところに存在する自己管理化〔システムの中枢や外部からの指令や指示、計画などによらず、構造やパターンが勝手に出現すること〕のもたらす産物である。自然、そして宇宙においてエントロピーの力は無秩序に広がっていくが、意味ある秩序を押し付けるのはこの力に逆らうものだ（エントロピーについては、原理2「エネルギーを獲得し、蓄える」参照）。自己管理化は、エネルギーの流れが十分にあり、それを貯められるところであれば、どこでも可能だ。デザインは呼吸と同じくらい自然なことであり、より巧みな方法を学べる点でも呼吸と同じである。

観察と相互作用

観察と相互作用は、観察者と対象、デザインする者とシステムのあいだの双方向のプロセスだ。現代社会はデカルト式の二元論に染まり切っているためか、双方向のプロセスであることを常に思い起こし、その本質や結果だけでなく、どんな例があるのかを考えないかぎり、デザイン思考や実践的行動の質に磨きをかけられない。

「すべてのものは、よいようにも悪いようにも機能する」というのは、広く当てはまる有益な格言だ。次のようなもっと具体的な格言は、デザインのための現実的なガイドラインであるばかりでなく、くれぐれも二元論的な思考に陥らないための警告でもある。

①すべての観察は相対的だ。
②思考はトップダウン、行動はボトムアップで。
③環境が教師だ。
④学び続けるかぎり、失敗は役に立つ。
⑤洗練された解決法は簡素で、目に見えない場合すらある。
⑥介入は必要最小限にとどめよう。
⑦過ぎたるは及ばざるがごとし。
⑧解決は問題そのもののなかから見つかる。
⑨デザインの袋小路に気づき、抜け出そう。

デザイン思考のガイドライン

①すべての観察は相対的だ

観察は客観的な事実ではなく、むしろ内面の状態を反映するものだといえる。科学における客観的事実という概念ですら、欠陥があることが現在では知られているし、観察が直接的であれ間接的であれ、真実に影響を及ぼすということも、科学者のあいだではよく知られている。

客観性に限界があるのなら、観察者の憶測や先入観や価値観を明確にし、いかにものの見方が影響を受け、形成されるのかを認識したほうがよい。倫理やイデオロギーは、何をどのように見るかというフィルターとして作用する。このフィルターから逃れることはできない。それどころか、むしろ必要なものである。だが、正誤の判断を急げば、観察眼が曇り、理解が妨げられてしまう。よくある例は、人間が雑草や害獣を見る姿勢である。

②思考はトップダウン、行動はボトムアップで

観察の対象が何であれ、一歩退いて背後にある関係性や状況を見渡すとよい。対象が大きなシステムの一部であることがわかるからだ。その結果、重要であったとしても、ある投入物はシステムの制御外にあり、フィードバックの関係にないことも見えてくる。また、より規模の大きいシステムに吸収されてしまう産出物や損失も見えてくるだろう。

このトップダウン[3]によるシステム思考で、ボトムアップ思考、つまり根本的な部分から対象を理解しようとする還元主義的な思考とのバランスをとることができる。一方、ボトムアップの行動は、小規模な要素あるいは個人が、自らが属する大きなシステムに影響を与える役割を重視する。これがとりわけ重要になるのは、放牧地や森林など、実際に管理する対象がさらに大きなシステムのごく一部にすぎない場合である。さまざまな外部の圧力があるなかで、コミュニティに適切な変化をもたらそうとするとき、効果的なこのポイントを知っていれば、結果に結びつけられる。

政府や企業のマネジメントに見られるように、おそらく現在では（支配的に）トップダウンの行動が一般的だ。しかし、必要なのは、自然と人間のシステムの全段階における（参加型の）ボトムアップな行動なのだ。これについては、原理４「自律とフィードバックの活用」、とくに「地球規模で考え、地域規模で行動せよ」という有名な環境運動のスローガンの解釈を通じて、歴史的・政治的な背景を詳しく検討する。

③環境が教師だ

自然界は、観察やデザインの対象として多種多様な素材を与えてくれる。環境は人間が学ぶべき教師だ。低エネルギーで人類を支えるシステムを創り、維持するために必要な知識は、すべて自然と協調して働くことからもたらされる。

通常、観察といえば目で見ることである。だが、これは単に、文字、そして現在では映像の世界で育ってきた現代人がいかに視覚に左右されているかを示すにすぎない。人間の五感には、価値ある情報を提供できる素晴らしい能力が秘められている。たとえば、土の匂いを嗅いだり味を知れば、生物学的・物理学的・化学的なバランスなど、見ただけではわからないこともわかる。経験豊かなバードウォッチャーは、目だけではわかりにくいことも、鳴き声や呼び声から理解できる。腕のよい組立旋盤工は、クランクシャフトの千分の数インチのずれを感じとる。

観察技能を磨くのには時間がかかるし、落ち着きも必要だ。屋内に閉じ込もったメディア漬け・夜更かし型のライフスタイルから、おもに日中に屋外に出て、自然を中心にしたライフスタイルに変えていかなければならない。私たちが暮らすメリオドラ(ビクトリア州)では、机に向かう仕事と、食料の大半を恵んでくれる菜園での作業とのあいだで、バランスを取る努力をしている。自然との関わりから得られるのは、食料だけではない。ここに書くような抽象的なアイデアを得られたたし、そのアイデアの実験も可能だった。

デザイン・コンサルタント業をとおして身にしみて思うのは、「環境を読む」(4)技術がなければ、いかなる土地であれ、その土地の潜在能力や限界、過去の利用状況や継承プロセスについて助言できないということだ。「環境を読む」技術を磨くことは、パーマカルチャーのなかでもっとも大切である。

図６　行動と学びの循環

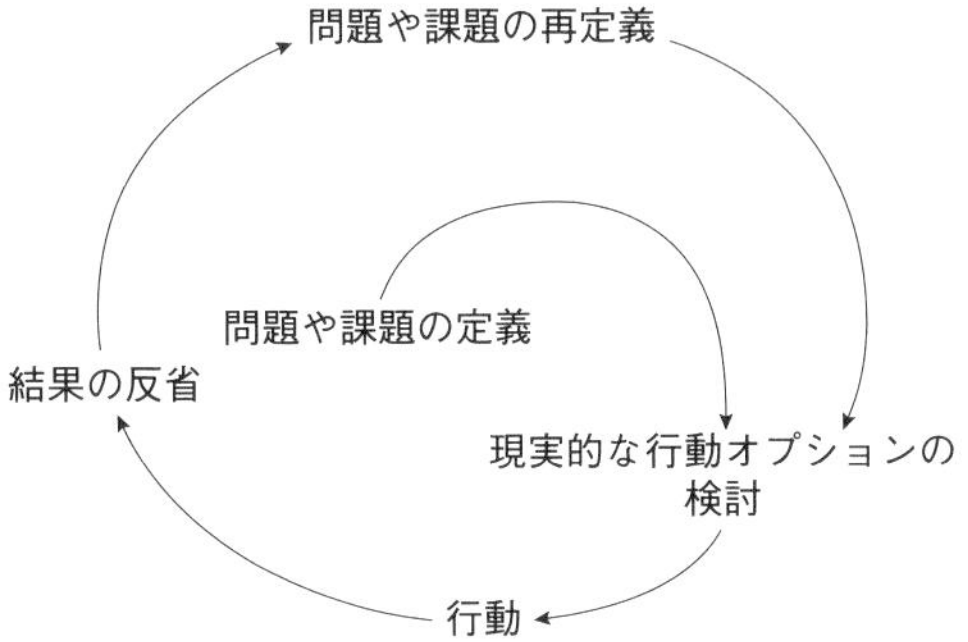

④学び続けるかぎり、失敗は役に立つ

計画やデザインの過程は、（人生と同じで）結果に応じて調整していくことになる。図６は行動と学びの環の簡単な図だ。この図に示すように、次々と調整を加えていけば、仮に非常に狭い見識から出発しても、やがては広く全体的な見識へと進むことができる。

これは秀逸にして簡潔なプロセスである。しかし、複雑な自然のシステムを相手にするときには、人間にすべての要素は理解できず、ましてやコントロールなどできないということは、しっかりと心にとめておきたい。そして、因果関係は、一直線に連なる連鎖ではなく、たいていは環状あるいはクモの巣状であることも肝に銘じておいたほうがよい。うまくいっても、自分が成功の原因などと思い込まないほうがよい。小さな規模で試してみて、成功や失敗の理由が別にあるのではないかと疑ってみることだ。

⑤洗練された解決法は簡素で、目に見えない場合すらある

科学の分野では、すべての事実を説明しうる解は、それが簡素であればあるほど、複雑な解よりも信憑性が高いとされている。デザインも同じで、複雑なものほどダメなものが多い。本当の意味で効果的なデザインは、非常に簡素である場合が多い。デザインとは、もともと簡素なものなのかもしれない。人間の理解やコントロール

がなくても、たいていのことは（生物の）自己管理化の複雑な働きがこなしてしまうからかもしれない（原理5「再生可能資源やサービスの利用と評価」参照）。

本当の意味で有効なシステムはとてもスムーズに機能するため、人間は往々にしてそれに気づきすらしない。水や空気の浄化や土壌の回復など環境が無償で行っている現象が、その格好の例である。また、デザインが乱用され、機能しなくなったとき、初めてその卓越した存在に気づく場合もある。「失って初めてその価値を知る」という格言があてはまる。このような人間の悪い癖を避けるには、注意深く観察し、小さな生命やプロセスを尊重しなければならない。

⑥介入は必要最小限にとどめよう

問題を解決するためにシステムをいじるときは、十分に機能している他のプロセスを損なったり乱したりしないように、注意を払う必要がある。効果的なデザインは目に見えない場合が多い。大規模な介入にはそもそも大量のエネルギーと資源が必要であり、役立つどころか有害な結果に終わる場合もある。

日本の自然農法実践者で哲学者の福岡正信(5)は、何もしないことの価値と自然への大規模な介入による被害について雄弁に書き表した。オーストラリアで周囲の雑草の繁殖からブッシュ［オーストラリアでは森林をブッシュと呼ぶ。たいていは地味の乏しい痩せた土で、ほとんど草も生えず、乾燥している］を保護する方法として効果が認められるブラッドリー法にしても、ブラッドリー姉妹が注意深い観察の末、最低限の介入原則にもとづいて編み出したものだ。ブラッドリー姉妹は、雑草の繁殖がもっとも少ないところから始め、なるべく手をかけずに雑草を除去するように提唱した。それは、除草剤などで雑草を力づくに根こそぎ除去するという一般的なやり方とは大きく異なっている。

⑦過ぎたるは及ばざるがごとし

ある行動の結果がよいと、その行動を繰り返してみたいという強い衝動に駆られる。しかも、ちょっとのことで成果があがると、もっとやればもっと結果がよくなると考える人びとも少なくない。しかし、たいていの場合、これは間違っている。持続可能な社会や自然においては資源が限られており、こうした行動には足枷《かせ》がかかるけれど、現代ではよく見られる。物質的にぜいたくになるにつれ、砂糖、脂肪、タンパク質の摂取量が増加した。エネルギーが濃縮されたこれらの食品はありがたいものではあるが、昔は自然の制約があり、多くは食べられなかった。

肥料で収量が上がると、味をしめて、肥料をもっと大量に使いたくなる。肥料の使用量が増加しているにもかかわらず、収穫量の伸びが芳しくないのは、こうした問題の蔓延を物語っている。砂糖、脂肪、タンパク質の摂りすぎのように、どんな種類の肥料であれ過剰使用は栄養の不均衡を招き、長い目で見れば減収や生育不良につながる。

与えすぎから生じる問題に対しては、欲張るものではないと倫理的に抑制するのも一案である。ここにあげたような例はすべて豊かさの産物であり、エネルギーがあり余る時代の特徴である。それをはっきりと認識するのだ。そうすれば、罠にはまらずに、次の状況も理解できる。

衝動的な行動に発せられる警告は、次のような原則を反映することが多い。システムがなんであれ、うまく機能しているとき、そのシステムとつながりのある他のシステムに、規模の大小はともかく機能不全があるかもしれないことを示しているのである。警告とは、よい結果に味をしめて過信し、大胆な行動を強引に推進することをいさめるものだ。同時に、それは人間が物の見方を変え、行動を変えなければならない兆候でもあることに留意しておきたい。

⑧解決は問題そのもののなかから見つかる

物ごとの本質は見かけによらないということが、この言葉の意味である。否定的に見える物ごとにも、肯定的な側面があるかもしれない。そして、その肯定的な側面は否定的な部分より重要な場合も多い。少なくとも、否定的なところを帳消しにする点があるかもしれない。よくある例は、雑草や害虫、害獣だ。それらの本当の姿は次のようなものかもしれない。

(ア)管理方法を変える必要を示す環境指標

(イ)損なわれた土壌などの修復役

(ウ)資源であるにもかかわらず、経済的・文化的な理由で間違った評価をしている

害虫や害獣は自然の余剰ともみなせるし、駆逐されるより、むしろ利用されるべきものである(原理3「収穫せよ」、原理12「変化には創造的に対応して利用する」(下巻)参照)。私は長年にわたり、これを仕事の大きなテーマとしている。

せかせかと解決法を求めるよりも、開かれた姿勢や探求心をもって問題に臨んだほうが実り多い。あわてると一般的な見解を疑わず、不安だけに突き動かされてしまう。

この言葉のもうひとつの意味は、その問題が極端な形で現れている現場や文化のもとで最善の解決法が見つけ

られるということだ。問題が深刻な状況では、時間をかけた共進化が最良の結果をもたらす。それほど深刻ではないところでは、問題は往々にして顧みられなかったり、手間や資源ばかりかかる方法が編み出される場合も少なくないからだ。例をあげよう。

私は短い期間ではあったが、イタリア南部の崖が切り立つアマルフィ海岸に暮らした経験がある。そこでは、急斜面がもたらす問題や限界に対し、創造的な解決法がいくつもとられていた。昔ながらの方法もあれば、現代的で他の土地から学んだ方法もある。一方、地中海地方では、オーストラリアでは当たり前の雨水貯水タンクや溜め池をほとんど目にしなかった。夏は雨が少ないにもかかわらず、川や泉が枯れず、良質の地下水がふんだんにあるため、オーストラリアほど雨水を貯蔵する必要がなかったからだ。

⑨デザインの袋小路に気づき、抜け出そう

「解決法を考えつくのは、それを面白いパズルとみなす人がほとんどだ。こうした人物は、就職試験の面接で役に立つような資格を決してもっていないものだ」と、これまで言われてきた。

問題解決の糸口を見つけたとしよう。すると、イノベーション〔技術革新、刷新などともいわれる。単に技術やものの発明だけでなく、斬新な視点からの新たな価値の創造まで含まれる〕によって弱体化しかねない性質のもの、従来の信念やシステム、権力構造などが立ちはだかるという事態が往々にしてある。現代文化は、（限られた範囲ではあるが）イノベーションを促しているように見える。だが、保守主義、つまり過激な変化への抵抗が、自然と人間のシステム両方の重要な特徴であることを覚えておかなければならない。

自然や人間の行動においても、実証された解決法は定着する傾向が強いものの、斬新なアイデアは条件が不利になれば、簡単に脇に追いやられてしまう。生命の発達を見てみよう。

細胞に基礎化学的な突然変異が起こった場合でも、それが初期の胚の段階を通過することはほぼありえない。何百万年にもわたる進化を経て発達過程はほぼ完成しており、変異はたいてい死につながるからだ。より新しい進化のパターンのなかには、重要な機能にさほど関係がないため、ある突然変異が、しばらくはそのまま残る場合もときどきある。たとえば、哺乳類では乳首や指の数さえも変異する。一方、繁殖の成功率がストレスや競争で低くなると、変種の可能性は抑制される。

ほとんどの親は、子どものときに親から学んだ教訓を(よい点も悪い点も)、意図的あるいは無意識的に、そのまま子どもに伝える。子どもに伝えられるのは、親がおとなになってから自分自身で得たことではなく、自分の親から学んだ教訓である場合が多い。親のストレスがたまればたまるほど、この傾向は強まるようだ。虐待された子どもが虐待する親になるという悪循環は、いまではよく知られている。同様に、人間の文化においては、実証ずみの行動あるいは知識のパターンは、伝統や制度を通じて定着していく。比較的安定した時代が長く続いた場合、文化を継承するのはほとんどの場合、個人ではなく制度である。

こうした保守的傾向は、周囲の変化がゆっくりなときはうまく機能する。このケースでは、内部の目新しい事象は有益なイノベーションではなく、悪質な逸脱である場合が多い。また、根本的な構造を変えることなく改良が可能な場合は、小さな改良が積み重ねられていく。小さな変化の積み重ねで、システムは最適なデザインへと変化する。しかし、周囲の環境条件が急激に変化すると、「最適な解決法」のデザインが行き詰まり、どうにもならなくなるときがある。

湯の温度がゆっくり上昇したため、熱湯から飛び出しそびれて命を落とす蛙の話からわかるように、デザインが行き詰まった場合、徐々に調整しても、行き詰まりの罠から抜け出すことはできない。エイモリー・B・ロビンスは、エネルギーと資源の効率を大幅に改善するために、小さな改良を施すよりも、「コストという障壁に風穴を開けろ」と主張する。そうした方法は費用がかかると一般的には思われがちだが、工業デザインや製造分野では、小さな調整の積み重ねよりもコストが低くてすむ事例が多い。

こうした状況では、横断的に考える能力、実証ずみのものを捨ててリスクを受け入れる覚悟、そしてよりよいものを手に入れようという気概が必要になる。幅広い経験や特定の状況やシステムの外の観察から、デザインの行き詰まりのパターンを認識でき、解決法の特徴がつかめるようになる。ただし、こうした解決法は、既存の権力や富の構造と対立し、骨抜きにされる傾向があるため、たいていは激しい反発にあう。

3　学校教育か直接体験か

学校教育の限界

持続可能な将来を創り出す人間を育てる鍵を握るのは、適切な教育と訓練であるとよく言われる。私は学校教育や訓練、そしてメディアの価値を認めるが、じかに自然に触れ、経験を積むことが疎かになる傾向があることも指摘しておきたい。思考革命に役立つ学校教育やメディアの改革案なら、たくさんあるだろう。しかし、その前に、いくつかの根本的な問題を認識しなければならない。

第一に、教育はほぼすべての段階において、間接的な情報源からの知識を土台にしている。この傾向は、とりわけ高等教育において強い。間接情報は、既存の理解の枠組みを通じて解釈されたものである。とくに、学術的な訓練の場では、いかなる着想や概念も、すでに学術的に認められた文献の情報を参照するように求められる。これこそ、既存の理解の枠組みを偏重している最たる例である。

第二に、ＩＴ(情報技術)により、情報の循環、検索、再生産のスピードが速くなった。メディアが間接的な経験をパッケージにまとめ、より速く、よりよい学習が可能になった。たとえば、本物の野生動物を見るのは、テレビの野生動物の番組と比べると、退屈で実りのない行為のように思えてしまう。このように既存の情報の再表現に重きを置くことで、観察技術と独創的思考は全般的に損なわれていった。

第三に、学校の理科教育は、ほとんどすべてボトムアップの還元主義的思考にもとづいている。この二〇〇～三〇〇年間、分野別に特化した還元主義的思考は、素晴らしい文化的な実りをもたらした。その反面、世界的な環境危機に取り組むうえで現在もっとも役立っているのは、多様な概念や思考の融合、そして交配だ。思考の融合は、教育機関の外部で誕生することが多い(原則11「接点の活用と辺境の価値」(下巻)参照)。皮肉なことに、情報・通信技術のおかげで思考の融合の可能性はますます高まっている。それは情報・通信技術がもたらす恩恵にはちがいない。だが、内容よりも見かけを、創造よりも複製を好むという特性に比べれば、その恩恵は微々たるものである。

第四に、これがもっともやっかいな問題なのだが、高等教育では(科学や芸術のように)それぞれの学問分野や芸術活動の体系の中での膨大な情報の消化に重点が置かれている。そこでは、実体験との総体的な融合がなされない。そのため、家庭のしつけやマスメディア、大衆文化によって形成される人びとの信念や考え方の根幹には、ほとんど影響を与えない。さまざまな領域で、解決法がわかっていたとしても、実行されない場合がある。

問題の核心は、一見知識があるように見えても、経験と結びついていないので知識が定着していないことである。

観察と直接体験の限界

学校教育の限界を指摘したが、環境デザインの土台となる観察や直接体験の限界を無視するわけではない。「ずっと昔に発明された車輪をいまさら発明するような愚を犯すな」という格言が示すとおり、他の知識から孤立した観察やデザインには限界がある。

観察、試行錯誤、そして直接体験は、成果が出るまでに時間がかかり、学習方法としては効率が悪いと思われがちだ。これには理由が二つある。第一に、失敗がもたらす影響が非常に大きいと思われるために、あえて実験しようとしないのだ。これは、かつての持続可能な社会ではよく認識されていたことである。人びとは保守的になりがちだし、リスクが大きいという理由で、斬新なアイディアに難色を示す傾向があった。第二に、人間は同じ間違いを繰り返す。これには、観察の不足、適切な質問の欠如、抑圧的な権力に対する恐れなど、さまざまな理由がある。

草の根的なアプローチでエネルギー下降を達成するのであれば、観察と直接体験を通じて、人びとが生態系に即して暮らせるシステムを構築できるような、効果的な方法を見つけなければならない。道具箱に頼る方法では限界がある。そこからパーマカルチャー・デザインへ、多様で柔軟性のあるパターン言語へと進化するには、観察技能や革新的技術をかなり磨かなければならない。

体験学習に関する現代的背景

産業革命は、多くの可能性をもたらした。そして、直接体験の限界を乗り越えるための無数の機会が与えられるようになる。

第一に、市場経済のおかげで、物質的優位をもたらす技術革新が賞賛されるようになり、(すべてとは言わないものの)技術革新は好ましいとする文化的な雰囲気が生まれた。第二に、生涯教育や独学の機会が増えた。そこで、直接体験の蓄積が豊かになり、斬新な想像力が発揮されていく。第三に、昔に比べて自由で、民主的で、多元主義的になった。その結果、差異に対して寛容な空気が生まれ、異議を唱える行為も容認されるようになる。資本主義の物質主義的な側面は一見、他の追随を許さない完璧さをもっている。こうして、エリート層のあいだには、厳格に統制された社会よりも自由で多元的な社会のほうが利するところが多いという感覚が生まれた(6)。

そして、おそらくもっとも重要な点は、豊かになった結果、実験的で斬新な行為につきものの失敗や悪影響に対してセーフティーネットが講じられ、「保険」がかけられるようになったことである。たとえば、相続財産、福祉国家、慈善事業などである。

数十年前までは、芸術、科学、そして創造的な活動は、教育機関、政府、企業から冷遇されたが、前述の背景をもとに爆発的に発展した。企業や政府が有する富と権力のおかげで、人びとは実験や技術革新に関して(単なる怠慢と無駄も含めて)多少の自由を得たのである。しかし、一九八〇年代から九〇年代にかけて、新自由主義にもとづく経済効率と呼ばれるもののために、その自由は剝奪されてしまった。同時に、「センター・オブ・エクセレンス」「クリエーティブ部門」「イノベーション課」などというものが、狭い範囲で短期的な目標を達成するために創設された。このようなやり方が社会から創造性を奪っていると指摘する声は多い。

その一方で、市場や教育機関の制約の外側で、多くの人びとが多様な興味、価値、そしてライフスタイルを追い求めている。そうした趣味的な活動にはさまざまなものがあり、自然観察技術を磨く機会もそのひとつだ。そこで得られた知識は、ガーデニングなどの、エネルギー下降に備える基礎を築くための自然との関わりに応用できる。素人の観察者がいかに科学的知識に貢献できるかについては、オーストラリアのバードウォッチャーの業績が好例である。一九八一年に国立オーストラリア鳥類学連盟から出版され、最近改訂版が出た『The Atlas of Australian Birds（オーストラリアの野鳥地図）』は、オーストラリア大陸全土の何万人ものアマチュア観察者の協力がなければ、刊行できなかっただろう。

パーマカルチャーは、小農たちが必要に迫られて行ってきた地味でシンプルな活動に焦点を当て、それを取り入れようと望むたくさんの人たちに知的な理由を与えた。

問題を解決し、実験し、そしてデザインしたいという欲望は、パーマカルチャー実践者を定義づける特徴的な点である。アマチュアの情熱が実を結んだよい例として、メルボルンの医師ルイス・グロウィンスキーの業績があげられよう。グロウィンスキーは、ベッドタウンにある自宅の裏庭に温帯性果物とナッツの新品種用の園芸試験場をつくった。それはオーストラリア南部の園芸試験場として重要な地位を占めるようになり、メルボルンのパーマカルチャー関係者に多くのひらめきを与えた。彼の『The Complete Book of Fruit Growing in Australia（オーストラリア果実栽培大全）』は、独創的な観察、自らの見解、そして徹底した研究と記録からなる、素晴らしい著作である。

アマチュア実験家は、資源や技術、あるいは同好の士との交流に乏しい場合も少なくない。そういう状況は一見するとマイナスだが、失敗を恐れて身動きがとれなくなったり、特定の専門領域にしばられたりはしない。だからこそ、自由に未踏の道を冒険できるのだ。

4　ポストモダンにおける観察と相互作用

パーマカルチャーは、ポストモダン的概念だと言える。何ごとも無批判に受け入れず、硬直した美学や慣習にとらわれず、さまざまな体系や伝統の要素を組み合わせているからだ。パーマカルチャーは、その誕生と発展過程において、多くのひらめき、要素、デザインによる解決を、その土地固有の伝統的な文化から得ている。しかし、伝統的な知識や文化は、ここ数十年のめまぐるしい変化のなかで失われてしまう一方、旅行や移住、出版という形で現代文明に取り込まれることになった。現代文化は、すでに自然や伝統世界のほぼすべてを取り込んだと言えよう（パーマカルチャー的な取り込みについては、下巻、一四六〜一四八ページ参照）。

現代社会は、自然や伝統世界のすべてを吸収して取り込むだけでなく、新たな情報、知識、斬新なアイディアや文化を創り出す「高速増殖」システムでもある。この意味では、教養があり、いろいろな土地を旅し、多くの情報を得ている人物は、多くのエネルギーを必要とする産業文化が生み出した新たな「資源」である（原理4「自律とフィードバックの活用」参照）。残念ながら、こうして得られた多様性のほとんどは、持続可能な社会に向けたエネルギー下降の過程でほとんど機能不全であることが明らかになるだろう。

とはいえ、この無駄と効率の悪さすら、自然な流れであり、未知の状況に適応するための人類のやり方を表しているとも理解できる。自然のシステムは、それが微生物であろうと、生態系、個人、社会であろうと、エネルギー供給の収支が急増すれば急成長し、変成する。エネルギー供給が高い状態が続けば、単なる成長ではなく、多様化が進む。負のフィードバックを制御する仕組みは一時的に中断され、あらゆる方向に発展する可能性が残ることになる。

ローマ帝国の歴史はそのよい例だ。ローマ帝国は全地中海地域の資源を基礎に、文化的成長と多様化をとげた。園芸を例にとれば、水や肥料の投入を増やせば、（無数の雑草も含めて）植物の活力は増し、繁茂する。エネルギーの供給量が多くなりすぎれば、システムはたいてい自家中毒による死を迎える（酵母が自らのアルコール発酵の残渣により死ぬように）。もしくは、ガンのような悪性物質が増え、システムの機能が大きく損なわれ、そして死に至る。宝くじに当たった人が浮かれて浪費した結果、天国ではなく地獄を見たという話は、よく耳にするところだ。

最終的には、エネルギー供給が足枷となる。エネルギーの備蓄が底をつくか、新たなエネルギー源が得られたとしても、それをすべて使い切るほどにシステムが大きくなるからである。こうした状況になれば、負のフィードバックを制御する仕組みが動き始め、エネルギー効率の観点から見て、システムの生き残りに役立たないような要素や体制は抑えつけられ、除去される。

このように述べると、私たちが築き、大切にし、よりどころにしてきた文化の未来は暗澹としているように感じられるかもしれない。しかし、もっと明るい見方もある。エネルギー供給がよどみないとき、さまざまな進化のメカニズムをとおして、またエネルギー供給が制限されるようになったとき、環境に順応できる可能性をつくり出す。これは、エネルギー供給が抑制されていたり、負のフィードバックを制御する仕組みが存在するときには起こりえない（原理12「変化には創造的に対応して利用する」参照）。

このようなプロセスを考えれば、エネルギーが爆発的に供給される状態は、進化を加速する「高速増殖」の役目を担っているといえる。たとえば、パーマカルチャーの実践者が栽培限界ぎりぎりの作物をいろいろ実験的に栽培しているのは、趣味にいそしんでいると映るかもしれない。あるいは、個人や社会の豊かさの反映とも捉えられる。だが、こうした行為が将来の低エネルギー社会に向けた進歩につながることもあるのだ。

ただし、変化があまりにも大きい場合は、もともとあったシステムから見れば、それは順応性に富む変化ではなく、発ガンと死を意味するとも言える。たとえば、人びとが率先して倹約に励めば、消費経済の根本を揺るがすように。

5　現代文化のガラクタを拾い集める

低エネルギー時代になれば、今日の技術や文化のほとんどが歴史的なガラクタとして捨て去られてしまうだろう。しかし、現代文化のいくつかの側面は、エネルギー下降文化においても非常に重要な要素となりえる。パーマカルチャーの原理は、現代文化の有益な部分を見つけ出すレンズの役割を果たす。こうして取り出した要素を自然や前近代的な文化と新たに融合させるデザインを行うのも、パーマカルチャーの原理である。

その際、文化のなかからパーマカルチャーの原理に適合するパターンを見つけ出すためには、客観的に観察しなければならない。自分が受けたしつけや習慣、因習にとらわれてはならない。イメージとしては、先住民の研究をする文化人類学者である。つまり、自分たちが何を行い、なぜそれを行うのかを、文化人類学者のような視点で改めて考えてみるのだ。あるいは、ガラクタをあさり、その中から宝物を探し出すようなイメージである。ごみあさりのイメージには驚くかもしれないが、実際、多くのパーマカルチャー活動家はこのイメージを口にする。遺跡の埋蔵物をふるいにかけ、古代文化の生活や滅亡の歴史を知ろうとする考古学者のイメージともいえる。

それはまるで、何種類ものジグソーパズルの断片がバラバラに散らばっている中をさまよい歩いているようなものだ。私たちの任務は、使えそうな断片をなるべくたくさん拾い集めること。それは、私たちがどれだけたくさんの断片を認識できるかにかかっている。集めた断片をまだ見ぬ土地へ運び、そこで手持ちの断片だけを使って新しいパズルを完成させなければならないのだ(7)。うまくいくかどうかは、観察の技術、デザイン技術の善し悪しにかかっている。

6　懐疑的であることの価値と相互作用の重要性

人間がしばしば空気のように当然のものと感じている、個人的・政治的・そして宗教的な自由。それが思考革命やデザイン革命の土台である。比較的自由な社会では、集団の通念や個人の信念に対して懐疑的であることが許されている。『官僚国家の崩壊』〔鈴木主税訳、ベネッセコーポレーション、一九九七年〕でジョン・ラルストン・ソウルは、「思いこみや原理主義に対応するには懐疑的であれ。疑問を抱け」と、説得的に述べている。ソウルが記録しているのは、啓蒙主義の時代以来、合理主義が急進的な思考や権力の行使によって巨大な化け物のように肥大していった過程である。

教条主義に対抗し、懐疑的であることは、自由な社会を維持するために重要だが、それと同じくらい、エネルギー下降社会の形成にも重要である。思いこみや信念に突き動かされた私たちの行動に対して、自然はいつも無数の示唆や警告、疑問を投げかける。エネルギーの下降に適応できるかどうかは、勧善懲悪的な十字軍的使命感や単純で普遍的な解決法ではなく、価値観のダイナミックなバランスにかかっている。

これまで述べてきた考えは、伝統的な知識体系の解釈を通じて得たり、現代の優れた思想家から学んだものであり、観察や経験の解釈を手助けする。だが、実際に現場に出向き、目を開き、手を動かし、心を働かせなければ、世界中の思想をもってしても人間は救われないだろう。

つまり、パーマカルチャーもその一部である思考革命やデザイン革命は、私たちが実践的な相互作用を通じて生命の謎や神秘に触れ直したときに初めて意味をなすのである。

(1)　人力を最大限に利用した持続可能な社会の例として、二〇世紀初頭の中国における農業があげられる。詳細は『東アジア四千年の永続農業』(F・H・キング著、杉本俊朗訳、農山漁村文化協会、二〇〇九年)を参照。

(2)　「横断的思考」や、「思考革命・デザイン革命」に関して幅広く知るためには、エドワード・デ・ボノの多くの著作が参考になる。また、企業、産業におけるデザイン革命に関しては、『自然資本の経済』(六七ページ参照)をはじめ、エイモリー・B・ロビンスらの著作を参照。

(3)　「トップダウン」という用語は、詳細に気をとられすぎて混乱することなく、システムの主要な特徴を概観するための考え方を指している。ハワード・オーダムが用いた「木を見て森を見ず」ということわざのように、あまりに距離が近すぎると、より大きな全体的なパターンが見えなくなってしまう。「トップダウン」とは、山の上から、あるいは空の上、もしくは天上から俯瞰するイメージである。

（４）極相植生に向けて、ある植物群を他の植物群で順次置き換えていくこと。継承や極相の概念のパーマカルチャーへの応用方法については、原理12「変化には創造的に対応して利用する」を参照。
（５）『自然農法わら一本の革命』（福岡正信、春秋社、一九七五年〈二〇〇四年（新版）〉）を参照。
（６）多元主義と民主主義的自由が急激に縮小してきており、西洋では新たな全体主義がそれに取って代わりつつあるという指摘は多い。
（７）このイメージは、アメリカの歴史家、ウィリアム・アーウィン・トンプソンの、古代エジプトのピタゴラスとケルト地方、リンデスファーン島の修道僧に関する記述を読んでいて思いついた。これらの人物は、朽ち果てつつあった文化のなかにあった本質的な真実を再解釈し、新たな文化の種を播いた社会的急進派である。

原理2

エネルギーを獲得し、蓄える

日の照るうちに干し草を作れ

1　エネルギーの確保とエネルギー源

富としてのエネルギー

現代はかつてないぜいたくな時代だ。地球が数十億年の歳月をかけて生産した化石燃料の膨大な消費によって、初めて成り立っている。化石燃料の投入によって、再生可能資源も持続不可能なまで搾取されてしまった。この過剰な搾取のツケは、やがて、化石燃料が底をつくという形で必ず表面化する。経済学の言葉を借りれば、人間は地球という資本を無謀に食いつぶしながら、破綻への坂道をころがり落ちるように生きてきたのである。自分たちの子どもや子孫がそれなりに暮らせるようにするためには、いま、消費あるいは浪費されている富のほとんどを節約し、再投資することを、人間は学ばなければならない。この章の原理の基礎となる考え方は自明だが、残念ながら、通常の価値、資本、投資、富といった概念では、とても説明がつかない。

そもそも富の概念が不適切であったために、人類はその気になれば手にできる身近なエネルギー(再生可能エネルギーも、非再生可能エネルギーも)に無頓着になったのだ。好機を察知し、行動を起こせば、エネルギーは手に入る。エネルギーが手に入れば、資本も再構築できるし、当面の必要を満たす収益も得られる。

この章ではエネルギーの確保と長期的貯え、つまり、自然資本と人的資本を築き上げるための蓄えと投資について考える。収益(当面の必要を満たすもの)をいかに得るかについては、原理3「収穫せよ」で取り扱う。

この原理を象徴するアイコンは、瓶の中に詰め込まれた太陽エネルギーだ。それは、季節ごとの余剰の保存、エネルギーを獲得し、蓄えるための伝統的ないし新しい方法を表している。同時に、「すべての生命は、緑色植物の獲得する太陽エネルギーに直接的または間接的に依存する」という生物学の基本を表している。「日の照るうちに干し草を作れ」ということわざは、「季節的・一時的な余剰があれば、エネルギーとして獲得し、蓄えよう！　時間はあまりないぞ」という意味だ。

エネルギーの法則

資本主義や金融のメタファーを乗り越えるには、まず、自然と人間のすべての営みの基礎にある「エネルギーの法則」の理解が重要である。パーマカルチャーの概念の基礎にも、エネルギーの法則がある。エネルギーというと、経済システムを通じて供給される燃料を思い浮かべがちだが、エネルギーはさまざまな形で自然と人間のあらゆるシステムを駆動する。肉体の燃料である食料は、人間（動物も同様である）が環境から手に入れるもっとも重要なエネルギーといえる。

宇宙において、エネルギーは凝縮した中心から周辺の空白領域へ向かって散逸し、薄まっていく傾向にある。周辺に向かうにつれ、質の高いエネルギーは低下し、変化を促す力や、物理学や工学で言うところの「作用」する力も、どんどん減衰する。無秩序に、そしてやがては消滅する傾向はエントロピーと呼ばれ、生体システムであれ非生体システムであれ、あらゆるものに影響を及ぼす。

しかし、自分で自分の面倒をみるシステム（主として生体システム）は、吸収したエネルギーの限られた量しか収穫も変換もできない。エネルギーは耐久性の異なるさまざまな形で蓄えられ、自己の維持、成長、さらなるエネルギーの確保に使われる。一般に、蓄えられたエネルギーは収穫したものよりも質が高く、より幅広いプロセ

図７　エネルギー循環体系としての生態系

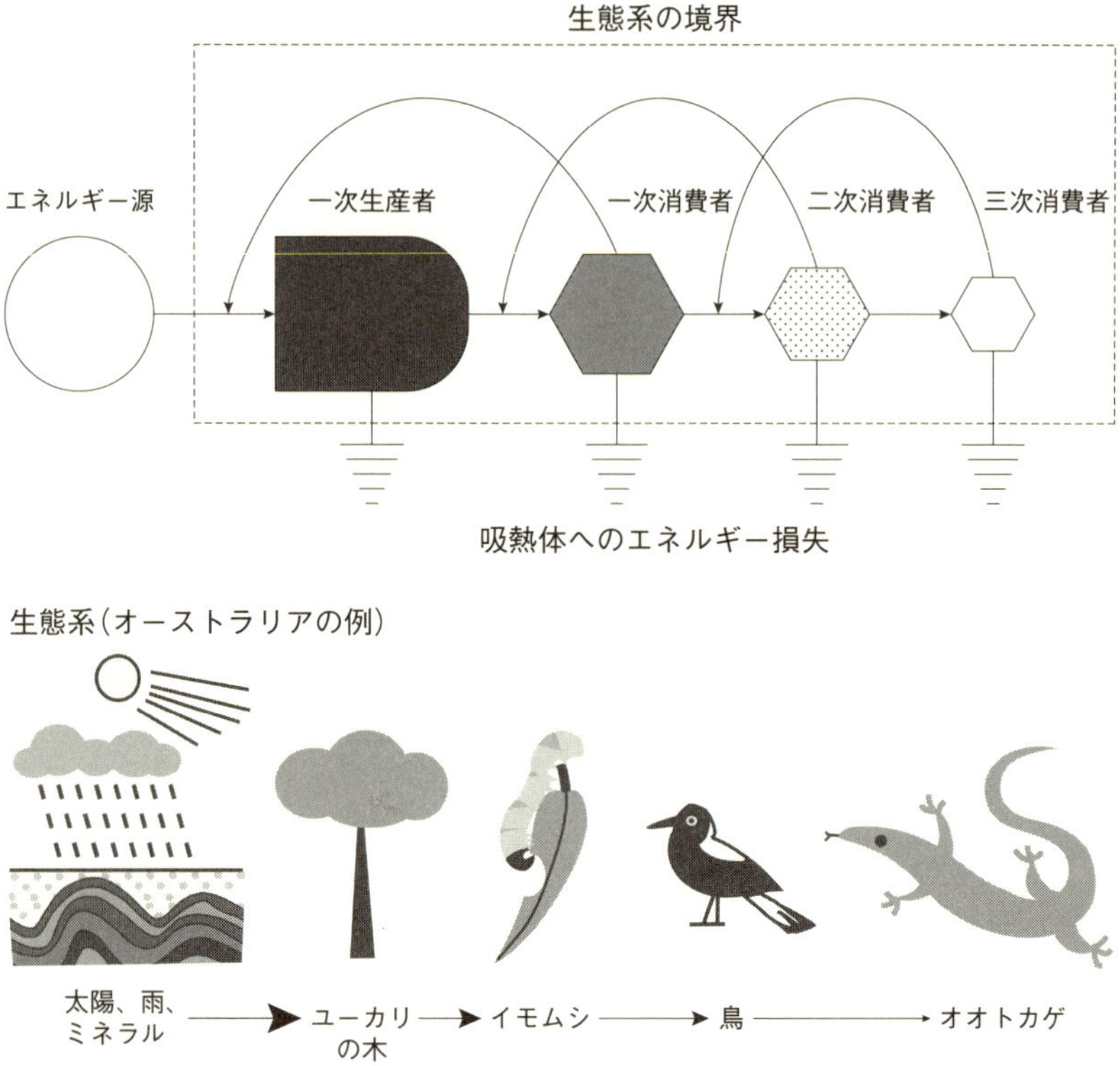

スを動かすことができる。

単細胞からホモ・サピエンス、さらには生きている惑星全体を含めて、生体システムに利用できるエネルギーの多くは供給が不安定で、量が限られ、質も低い。進化の過程では、エネルギーの変換や貯蓄に優れた「デザインをもつ」生体システムが幅をきかすことになる。図７に、ハワード・オーダムが開発したエネルギー循環体系言語を用い、外のエネルギー源、一次生産者（植物）、消費者（動物）のあいだの関係をエネルギー階層または食物連鎖として示した。エネルギーの流れは矢印で示され、次のような一般的な傾向をもっている。

①食物連鎖の流れに沿って、関与するエネルギー・質量は減少する。

②食物連鎖の流れに沿って、単位エネルギー・単位質量あたりの動力と価値は高まる。
③環境中の吸熱体(熱だまり)へのエネルギーの実質的な損失がみられる(電気アースの記号で示されている)。
④質の高いエネルギーがフィードバックし、流入が刺激される。

この関係をオーストラリアにおける食物連鎖を例に説明しよう。園芸家や農家は何世紀にもわたり、食物エネルギーを農産物として手に入れ、明日の消費のために蓄え、保存してきた。種採りはエネルギー確保の有効な手段であり、次の作付けをするために欠かせない作業である。作物を育てる人は、種子という形でエネルギーを確保し、先祖から子孫へと連なる遺伝的・文化的なつながりを連綿と保ってきた。

生物源やミネラル源は投入されるエネルギーとみなされ、数量化もできる。人間社会に必須の道具、インフラ、技術は、単純なものであれ複雑なものであれ、すべて自然環境から獲得する一次エネルギー源を利用する。人間が一次エネルギー源をさらに有用で耐久性のある形へと変えるとき、質の高いエネルギーが蓄えられる。普通の言葉でいえば、「本当の富」ができあがる。

このように、エネルギーの視点から世界を眺めることを科学者はごく当たり前だと思っている。しかし、生物物理学と社会科学、とくに経済学のあいだにある隔たりは大きい。価値や富について考えるとき、エネルギー的な視点はほとんど考慮されない。

近代のパターン

近代のぜいたくな社会では、エネルギーの流れ(食料・モノ・サービス)が便利になり、エネルギーの確保や蓄えへの関心は薄れてしまった。カネが入ってくるかぎり、生活必需品の供給を農家や鉱夫などに任せきりにできる。究極の近代的な都市生活では、食料も燃料も家に貯め込まれることはない。購入はクレジットに依存し、終身雇用が頼みの綱となる。

新自由主義を唱える産業界と政府は、経済効率の名のもとに食料、燃料、モノ、不可欠なスペアパーツなどの大規模な蓄えを削り、終身雇用も減らしてきた。これが破壊や災害を招くことになる。一九九〇年代後半、コンピュータの二〇〇〇年問題［Y2Kとも呼ばれ、西暦二〇〇〇年を迎えるとコンピュータが一九〇〇年と勘違いして、さまざまな誤作動を起こす可能性があるとされた］の及ぼす影響が心配され、後手にまわった予防策に莫大なコストが費やされたが、近代のシステムがごく小さな障害にも脆いことがはっきりした。

来るべき低エネルギー時代には、農村部、都市、住居、地域経済といった社会のあらゆる側面で、再生可能なエネルギーや浪費されている資源を獲得し、蓄える機会が見直されるだろう。エネルギーや資源の供給ラインが断たれるのは必至であり、その衝撃を緩和するにはそうした機会の再発見が不可欠になる。

さまざまなエネルギー源

使用できるエネルギー源は状況によって大きく異なるが、人間が（また、すべての生物が）これまでずっと使ってきた供給源のみに注目するのは当然である。エネルギーが空前の規模で手に入る状態を一定期間、経験すると、別なエネルギー源や毛色の違うエネルギー源の存在に気がつかなくなる。なかでも、目立たなかったり、地域限定的なエネルギーであれば、なおさらピンとこない。以下の①〜④は現在あまり用いられていないかもしれないが、誰にでも利用できるし、個人や地域の自立につながる大切なエネルギー源である。

①太陽エネルギー：材木や農作物の乾燥、パッシブソーラーの設計、乾燥機・温水器・ソーラーパネルなど

②風力エネルギー：ポンプ、発電
③バイオマス：燃料や建材を目的とした森林の持続的管理
④雨水：灌漑、養殖、発電

このほか、私たちの周囲には農林業がつくり出す廃棄物があふれている。それらのなかには、土壌改良材、燃料、飼料、建材、容器などに使用できる有機物もある。これらの人工資源は必ずしも再生可能とは限らないが、低エネルギーな暮らしへの移行時には積極的に利用するべきだ（原理６「無駄を出すな」参照）。

拙宅メリオドラでは、システムの構築・維持のために、これら五つのエネルギー源をすべて利用している。その組み合わせや方法は、我が家の立地条件に適したものである。「解決方法は問題そのもののなかにある」という言葉を胸に刻みながら、それぞれの立地条件を見ていけば、ふさわしいエネルギー源の存在に気づく。たとえば、河川の氾濫は峡谷に養分や堆積物を運んでくる。暖かく乾燥した風はドライフルーツ作りに利用できる。ブラックベリーなどの雑草は植物の敷き藁や動物の飼料になる。燦々とふりそそぐ冬の日差しは、日干し煉瓦で建てたパッシブソーラーハウスを温め、一晩中暖かく保つ。これらの例は、生態系は自然のなかにいろいろな形で不規則に存在するエネルギーに反応しながら、発達することを示している。

2 自然界におけるエネルギーの蓄え

エネルギーはどう獲得され、蓄えられてきたか

図7に見られるように、エネルギーの供給源と蓄えの違いは曖昧だ。システムを構成する要素や生物にとって蓄えであるものが、別の構成要素や生物にとっては供給源となる。人間もひとつの単純な生態学的ニッチ(1)にはとどまらないので、ある状況では供給源になれば、別の状況では蓄えとなる。しかし、本章の原理の二面的な機能を説明するには、区別しておいたほうが便利だ。

パーマカルチャーの開発・発展戦略は自宅の出入口から水平線にまで及び、今日の好機から子孫が手にするであろう機会まで思いをめぐらせなければならない。そうした戦略のほとんどは、自然資本を再構築する重要なエネルギーの蓄えである水、生きている土、樹木、種子の四つに分けられる。パーマカルチャーの理論や実践が自然資本の再構築にこだわるのは、地球上の生命の進化は何十億年にもわたり、太陽と地球がもたらすエネルギーに導かれてきたからであり、今後のエネルギー下降時代にも、人間が文明を持続させるために不可欠だからである(2)。

地球上の生命は数十億年間、たえず浸食の続く、不毛な陸地に取り囲まれた浅い海に閉じ込められていた。海中の生命が陸地に繁殖し、不毛の大地を耕す土壌生物が誕生するのは、約五億年前のことだ。地上の生態系と環境は、気候と地球のもたらすエネルギーを最大限に利用して進化してきた。

太陽のエネルギー（可視光）は、植物が水と大気中の二酸化炭素を炭水化物に変換する光合成の過程で利用される。炭水化物は、他のすべての生物の必要を満たす化学エネルギー供給の出発点であると同時に、石炭、石油、ガスといった化石燃料の（間接的な）原料でもある。(3)

光合成（緑色植物）

二酸化炭素＋水＋太陽光→炭水化物＋酸素

呼吸（植物・動物）

炭水化物＋酸素→二酸化炭素＋水＋代謝エネルギー

太陽のもたらすエネルギーは、雨、風、雷、山火事などといった天候や気象現象を生み出す原動力でもある。こうした気候現象に含まれるエネルギーは植生に影響を及ぼすだけでなく、土壌の性質、河川の集水量や砂丘などの地形の形成にも大きな力を振るう。曇天の多い気候や高緯度地方の冬季には、光合成に利用できる太陽光は限られる。そうした地域の生物学的生産性を測る、より正確な指標は、降雨量だ。水を蒸発させ、雨を降らせ、湿気を生むのは、太陽の熱である。雨水には太陽エネルギーがこもっている。

太陽が〈熱核融合炉〉であることを知る人は多い。だが、もっと身近な地球の内核にある〈原子炉〉は、太陽に比べればずっと緩慢ではあるものの、地球上の生命を維持するうえで同じように重要であることを知る人は少ない。それは地殻の構造プレートを移動させる力だ。プレート周縁の隆起と火山活動が山を造り、山の形を変え、土やあらゆる生物に欠かせない岩石に含まれるミネラルをばらまく。サブダクションと呼ばれるプレート運動で、海底の堆積物や過剰な有機物は地中に潜り込み、熱と圧力に曝される。その結果、岩盤は形を変え直し、化石燃料が作り出され、希少ミネラルは濃縮されて鉱石となる。

気候の解き放つエネルギーまたは地球物理学的エネルギーのいずれか、ないし両者が変化すると、地上の環境と生態系に根本的な再編成が起こる。大規模な変動は、大規模な浸食、物理的破壊、生物多様性の喪失、生息域の破壊や分断、ならびに新たな土壌の構築と肥沃化をもたらし、それに対応する新たな生命がいちはやく入り込み、増えていく。

たとえば、大陸の氷床や山岳部の氷河は周期的に拡大したり縮小する。生命が息づく環境は氷に根こそぎ破壊されてしまうが、砕かれた大量の岩石は粒となって氷の中に閉じ込められ、それが次の生命を育む大きな可能性を秘めた無機質の鉱物肥料となる。このように環境が変化する時間は、数十億年から人間の一生まで、いろいろな長さがある。

人間は(他の動物も同じだが)、これらの大規模なプロセスから作り出された資源の利用によって進化してきた。しかし、化石燃料や鉱物を掘り出して利用する人間の行為は、いまでは地質学的規模で変化をもたらす要因である。とはいえ、化石燃料や鉱物を食いつぶしてしまえば、数世代のあいだに、人間社会の根本的なデザインは自然界に見られるように、エネルギー消費の少ないものに戻るだろう。

気候や地質的な力は一定であると思い込みがちだが、長いあいだ安定し続けると、生態系や人間に利用できるエネルギーは減少していく。造山活動や火山活動が最近まで活発な、[4] 地質学的に新しい地域のほうが、生物学的生産性は高い。そこでは自然災害が頻繁に起こるものの、より多くの人口を養うことができる。一方、地質学的に古い場所(たとえばオーストラリアの大部分)は生物学的生産性が低く、養える人口も限られる。地質学的に新しい場所のほうが生物学的生産性が高い理由は、大気から水、土中から必須ミネラルや有機物が確保できるからである。水、ミネラル、有機物が大量に蓄えられていれば、多くの人びとを養うことができる。そして、農耕が始まり、一般に文明と呼ばれるものが発達する。

地表の保水能力、無機栄養素や有機物を蓄える保肥能力には、限度がある。しかも、地表は重力のおかげで、絶え間なく侵食される。やがて、蓄えられたエネルギーは地上の生命の手が届かないところへいってしまう（たとえば、川の中に蓄えられたエネルギーは海へ流出したり、地底深くに貯められる）。大気中の酸素はミネラルを休むことなく酸化し、封じ込める。酸素は有機物をゆっくりと分解したり、ときには燃焼して、急速に分解する。そうした現象は、海に棲んでいた生命体が陸に上がって以来、一貫して続いてきたことだ。地上のすべての生態系と環境は、こうした力の作用の克服や制限をめざすデザイン・システムであると考えられる。地上の生態系は水、無機栄養素、有機炭素のもつエネルギーをできるだけ効率的に獲得し、蓄えて、進化してきたのだ。

貯水と集水域

水の有限性は、人が住む大陸としてはもっとも乾燥するオーストラリアではたやすく理解できる。雨は不規則だが、微生物や植物、動物の生存に水は欠かせない。こうした条件のもとで進化したのは、効率的に雨水を蓄える環境だ。

植生においては、雨水は組織体の中にだけでなく、湿った空気や水分という形で林冠［森林の最上部で、太陽の光が直接あたる部分］や林床に相当な量が貯蔵されている。落ち葉や腐葉土の層はスポンジさながらに水を吸収し、保持する。表土では、土壌と腐植のバランスが植物に安定した水分を供給する。深い下層土、とくに粘土層にはきわめて安定した水分が存在するものの、たいていの生物には手が届かない。土壌の保水力は、生態系の生産性と、人間にとって持続可能な支持基盤となりうるかどうかを決定づける重要な要素である。

植物の手に届かない下層土へ染み込んだ雨水は峡谷や河川に沿って下流に下り、泉や窪地からゆっくりと湧き出して、集水域［降雨を集め、河川に水を供給する地域］の生産性を高める。泉や窪地によって、次に十分な雨が降るまで、河川は基本的な水量を維持できる。帯水層の水は根の深い植物に利用される場合もあるが、大半はさらに深い地底に流れ込み、植物には手が届かなくなってしまう。

水が重力に従って流れるにつれ、かなり一時的なものから永続的なものまで、さまざまな形態で溜まっていく。人工の貯水池によく似た湖沼は、氷河や地震によって生まれた山脈など地質的に新しい場所によく見られる。乾燥気候では、渓谷などに深く切れ込む小さな淵や砂礫で形成された河床が大切な貯水池となる。河川では、よどみと早瀬が交互に繰り返されることで水が濾過され、酸素が送り込まれる。

一時的な貯水池や濾過装置として重要なのが沼地や湿地だ。これらは水を浄化するので、「集水域の腎臓」と呼ばれる。また、河川や湿地は、一年から一〇〇〇年、あるいはそれ以上の周期で襲ってくる大洪水の破壊的な力を和らげてくれる。洪水のエネルギーの一部は、沖積土の堆積という形で解き放たれる。より乾燥する平坦な沿岸地域では、砂丘が流れをせき止め、新しい汽水［淡水と海水が交じり合っている状態］の河口域や沿岸湖が生まれる。河口域に閉じ込められていた魚が、洪水で水位が上がって砂の壁が壊れたおかげで、数年あるいは数十年ぶりに解放されることもある。風雨で砂州が新しく生まれ、新たな湖ができることもある。

集水域においては、もっぱら素早い排水を目的とする工学的なモデルが一般的だったが、最近になって、水の流れを緩めたり濾過したりする水門学［水の物理的・化学的な特性や人間の及ぼす影響など、水の循環を横断的に扱う学問］的なモデルへ根本的に変わってきた。図8はこの推移を示している。

かつての配管排水モデルは、マリー・ダーリング川流域委員会が説明の中で使用したものだ。自然資源の破壊を引き起こすこうしたやり方は、もはや通用しない。貯水池（公営のダム）は大きすぎて、しかも下流にありすぎる。この人工的な流れは速すぎて、画一的で、川の状態や生産力を維持できない。川の状態や生産力は、季節的な変化やリズムを利用すべく進化し、維持されてきた。水域モデルは氾濫源を地図にしたものだが、入り組んで複雑な状態がわかるだろう。川の流れが緩く蛇行するので、あちこちに自然資源が留まるのだ。生態モデルは、集水の変化に応じて絶えず更新して再構築する非常に生産的な生態系として河川や氾濫源を捉える、最近の傾向

図８　河川システムの配管排水モデル、水域モデル、生態モデル

配管排水モデル

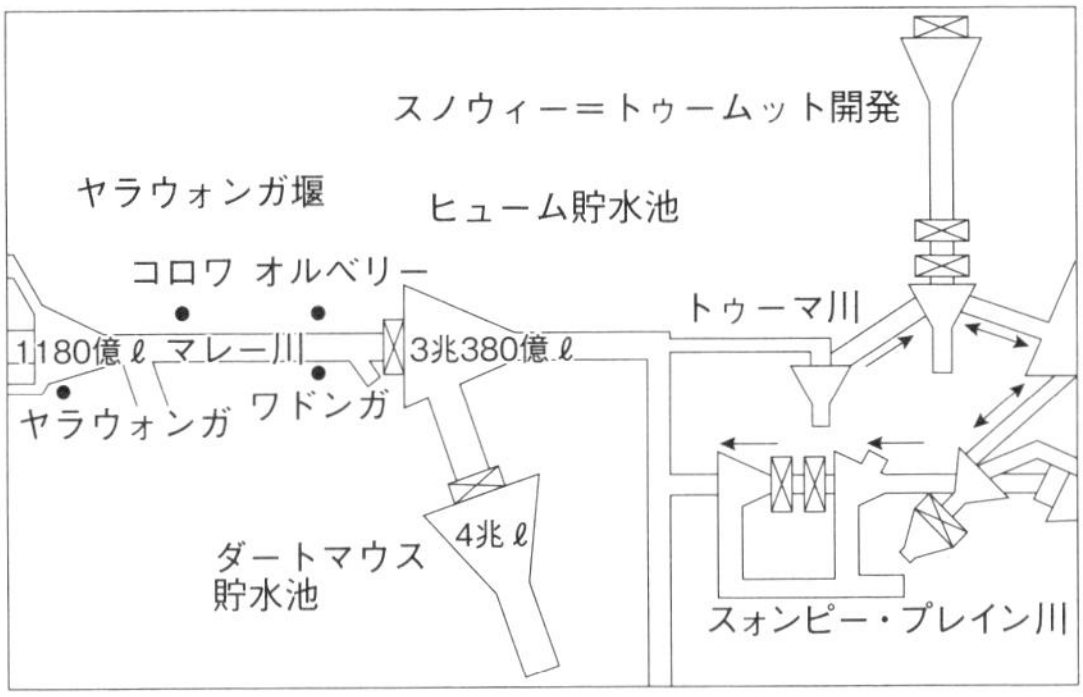

マリー川（スノウィー―ヤラウォンガ間）

水域モデル

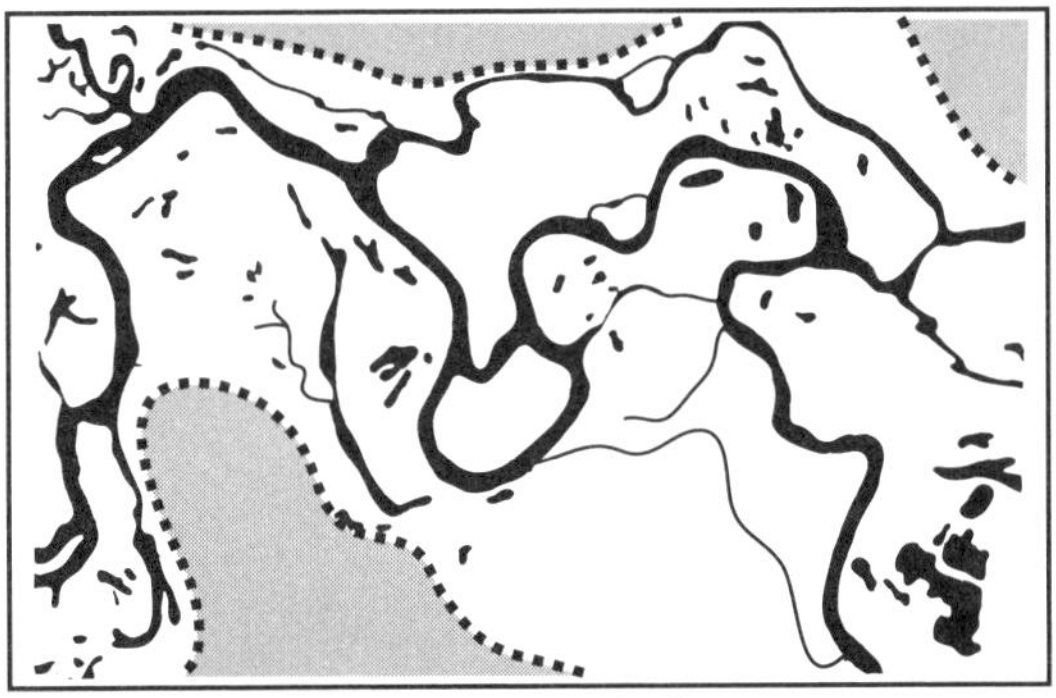

マリー川（オルベリー―ワドンガ間）

生態モデル

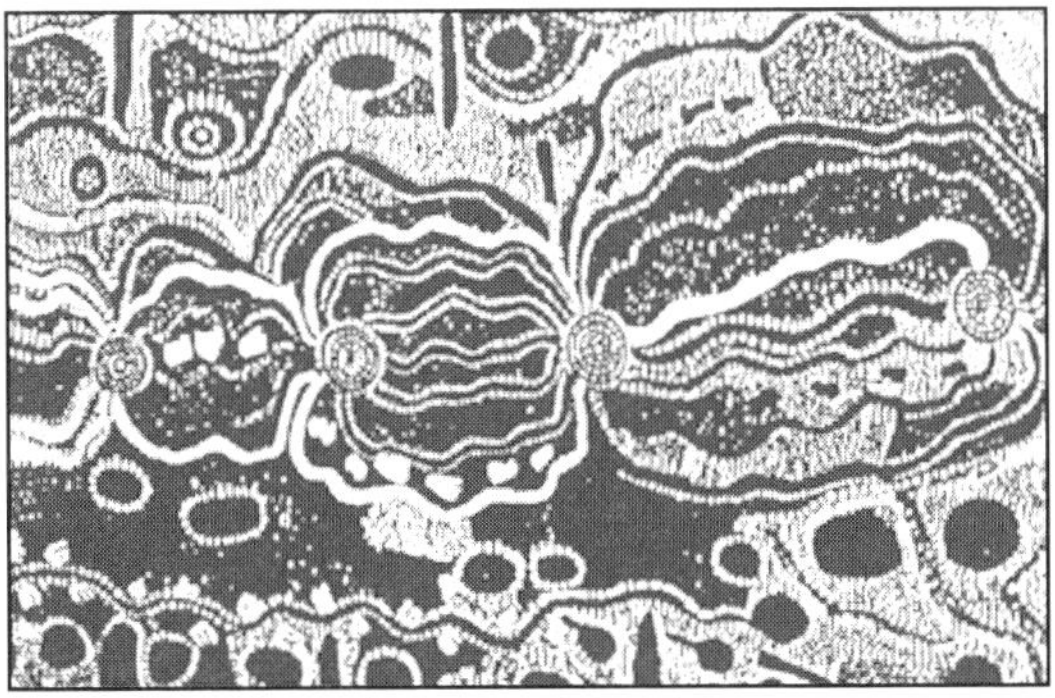

リバーリン氾濫源（クーリーネシア）

(出典)1996年に発表されたハイカイ・タネの著作にもとづく。

が反映されている。ハイカイ・タネによれば、アボリジニの抽象画には物理資源や生物資源の位置や規模が統合されて描かれているという。

養分の貯蓄

生態系や集水域が限られた無機栄養素にどう対応し、どう進化するのか。それは、水が及ぼす影響を理解するよりむずかしい。目に見えない無機栄養素は、あらゆる生態系の生産性を微妙な方法でコントロールする。必須元素である炭素、酸素、水素、窒素は大気中に豊富にあり、植物の光合成などのエネルギー獲得システムを経て取り込まれる。カルシウム、マグネシウム、カリウム、リン、硫黄などの不可欠な微量元素は、地殻を構成する多種多様な岩石の中に存在する。これらの栄養素は水溶性が高く、植物が容易に吸収できるが、植物の手が届かないところへ流出してしまうこともある。結果として、土壌の生態系は、植物が必要とする養分を、利用可能でありながら水に溶け出さない形で蓄えておくように進化してきた。

生態系は、地球の成り立ちを背景に発達する。岩床［最下層の岩］などの供給源を採掘するメカニズムが発達し、隣の生態システムから溶脱する栄養素を獲得したり、空中を漂う塵、煙、花粉などから栄養を獲得するなどして、生態系はアンバランスと欠乏を克服してきた(5)。

無機栄養素は長い地質学的時間を経て、重力や溶脱、周期的な山火事、干魃、洪水などの自然災害によって、あらゆる生態系から失われていく。また、栄養素が自然のプロセスのもとで化学結合し、植物には使いにくい形になってしまうと、植物は無機栄養素のバランスがとり続けられなくなる。減少する無機栄養素を採掘または獲得で補えなければ、生産性はだんだん落ちていき、高レベルの無機栄養素を必要とする種は低レベルの無機栄養素と慢性的なアンバランスのもとでも生存できる種に置き換わる。オーストラリアにおけるみごとなまでの生物多様性は、少量でアンバランスな無機栄養素に対するたゆまぬ適応の賜である。

残念なことに、人間はバランスのとれたミネラルを豊富に含むものを食べなければ生きていけない。仮にバランスのとれた十分な無機栄養素がなければ、質量ともに人間が必要とする食料が得られず、狩猟採取社会も文明社会も成り立たなかっただろう。

温暖な気候では、土壌がもっとも重要な栄養素の貯蔵庫だ。腐植は、おそらく自然のもっとも偉大な「発明」であり、土の無機栄養素(水・炭素とともに)の貯蔵能力を高める働きをする。有機農業、バイオダイナミック農業、パーマカルチャーで腐植がきわめて大切にされるのには、十分な生態学的裏付けがあるのだ。一方、酸化と溶脱の速度が非常に速い湿潤な熱帯で、もっとも頼りになる栄養素の貯蔵庫は、生きた植物である。たとえば樹齢の長い樹木は、豊富で、安定した栄養貯蔵庫だ。もちろん、植物、とくに樹木は温帯においても重要な栄養貯蔵庫であり、落ち葉、昆虫や草食動物による摂取、あるいは山火事をとおして、栄養素が土壌に返される。

窒素の貯蔵

腐植や植物に貯蔵される無機栄養素は、植物のバイオマスに貯蔵される有機炭素と相互依存している。この有機炭素は緑色植物が光合成によって作り出したもので[6]、生命の化学的構成の基礎になる。

植物が繁茂する生態系は、毎年一haあたり数トンの炭素を蓄積できる。樹木は蓄積した炭素を数百年間、いや数千年間も保持できるので、炭素の貯蔵庫としてとりわけ重要である。このように炭素が木質バイオマスのなかに長期間保存されるのだから、地上の生態系にはエネルギーを獲得し、蓄え続け、季節変動などに耐える能力を備えていることがわかる。

こうして、温暖化対策として、樹木による「炭素の封じ込め」の研究が盛んになってきた。大気中の不要な二酸化炭素を「貯蔵する手段」としての樹木に対する認識が深まり、科学的な知識も増えてきた。だが、この議論と実践は、新たな生命の燃料源となる酸素よりも二酸化炭素汚染の問題に焦点を当てており、パーマカルチャーから見れば本末転倒である(7)。

植物、そして腐植は、大気中の不要な二酸化炭素を固定するための「ごみ箱」ではない。主食作物に含まれる炭素は、肉体の燃料要求を満たす文字どおり「生命の糧」である。とはいえ、人間が口にする炭素の量は、蓄えられている炭素のごく一部にすぎない。植物に含まれる炭素が草食動物を養い、それらの動物から人間はタンパク質に富んだ食べ物、毛糸、畜力などさまざまな再生可能なモノやサービスを手にできる。特殊な形態のセルロースやリグニンをもつ植物からは布や紙、ロープなどの材料を得られるし、たくさんの用途をもつ木材も手に入れられる。そして、これがおそらくポスト化石燃料時代に一番重要なのだが、植物(樹木)は調理、加熱、精錬などの作業に必要な再生可能燃料となる。

燃料用樹木、そして程度は異なるものの牧草、飼料用樹木、繊維作物は、耕土が浅く、構造や肥沃度が不十分で、食用作物には不向きな土壌でも、生育できる。これがパーマカルチャーの戦略において、多年生植物、とりわけ樹木による炭素の貯蔵を中心に据える最大の理由である(8)。

炭素の貯蔵庫としての土壌の腐植

炭素を豊富に含む植物が将来の人間の必要性を直接満たす能力は、どれだけ大きく評価しても評価しすぎることはない。ただし、単に植物を土に戻すだけでも同じくらい価値のある炭素の貯蔵ができる。有機物、とくに炭素を豊富に含み、かさばる植物は、土壌微生物の食料となる。これが植物の栄養素の循環・利用の鍵である。

有機物はミミズなどの土壌微生物に消化され、土壌微生物や植物の命を支える多糖類やタンパク質などに姿を変える。やがて、健康な土では三カ月程度で、炭素は微生物叢の呼吸を通じ、二酸化炭素として大気中へ戻る。炭素のなかにはフミン酸やフルボ酸などのより安定した複合有機化合物になるものもあり、土壌の栄養素、水、酸素の保持能力を高める。条件によっては、腐植は数百年、いや数千年も安定して炭素を貯蔵する。

米国のカンザス州にあるランド研究所のウェス・ジャクソンは、太古の腐植がプレーリー［北米大陸の中央に広がる、丈の長い草が茂る草原地帯。肥沃な土で知られ、米国の穀倉地帯となっている］から失われる現象を「未熟な石炭を採掘」するようなものだと述べている。集水域の再生、荒廃する放牧地の再生とならんで、耕土に腐植を取り戻すことが人間にとって焦眉の課題であることを肝に銘じなければならない。

3　環境における自然資本の再構築

エネルギーが自然の中でどのように得られ、蓄えられているかが理解できれば、将来の人間の必要を満たし、環境のもたらすサービスの源となる自然資本の再構築も可能である。パーマカルチャーのエネルギー獲得・貯蓄戦略は、次のように、水、生きている土、樹木、種子の四つに大きく分類できる。

(1)水

水を手に入れて溜めることの価値は、よく理解されている(とりわけオーストラリアでは)。最近では、不適切な場所に多すぎる水が溜められて環境に悪影響が出ており、全体としての利益を考える必要性が強調されている。人間はダム、溜め池、スウェイル[斜面を流れる雨を溜めるために、等高線に沿って土を一定の幅で平らにならした保水装置]、タンク、地下貯水タンクなどを造り、自然の保水能力を高め、他の生物の発育プロセスを支えてきた。場所と規模さえ間違えなければ、貯水設備がもたらす利益は環境への悪影響を上回る。

貯水量が同じだとすれば、主要河川に大きなダムを造るよりも小規模な貯水池をたくさん造るほうが有効だし、悪影響も少ない。大きなダムでも、険しい山間の谷など立地条件が適していれば、氷河や地すべりが自然に造り出した湖とさほど変わらず、環境へのダメージは少なくなる。大きな貯水池やタンクでは水が純水に近い状態で保たれるため、生物の生存プロセスに有用な水の生化学的能力も維持される。

高いところに溜められた水(タンク、ダム、貯水池)は位置エネルギーをもち、高水圧灌水、消火、発電などに利用できる。とくに熱帯の山岳地帯では、大きなダムよりも小型の水力発電所をいくつか造るほうが現実的で、環境への悪影響もはるかに小さい。水源が高ければ高いほど水圧が上がり、利用しやすい。高水圧源なら、庭の散水には一二㎜径の安いホースで十分である。低水圧源ならば、一八㎜や二五㎜のやや値が張り、重いホースが必要になる。

あまり深くなく、栄養に富む溜め池、湿地、池、スウェイル、水田などは化学エネルギーの貯蔵庫であり、生産力の高い養魚システムを支えることができる。肥沃な低地に設けられた深度の浅い養魚システムからは、同面積の牧畜や酪農をはるかに上回る量のタンパク質を得ることができる。初期のパーマカルチャーの文献が魚の養殖を奨励したのは、生態学的にみてタンパク質が効率的に生産できるからだ。湿潤熱帯では、水田で稲作と魚や鴨の飼育を組み合わせる方法がもっとも生産力が高く、持続可能な農業の一つとしていまも広がっている[9]。

(2)生きている土
土壌有機物の形成

生きている土は好ましい構造と多量の腐植をもち、水や無機栄養素、炭素を蓄える能力がある。これらを蓄える能力の違いが、地上生態系と農業生産力を決定する最大の要因だ。人類はすでに世界の化石燃料に含まれる炭素の大半を石油という形で(そして、量は少ないが石炭として)燃やしてしまった。農地の土壌に含まれる炭素も半分を「燃やして」しまった[10]。天地返しや化学肥料の投与で、土壌に含まれる炭素、「未熟な石炭」は、目に見えない形で燃やされてきたのだ。しかも、農地から有機物を持ち出し、循環しないので、それにともなう損失も加速する。土壌の炭素は、土壌生態系というほとんど目に見えないものの燃料となり、植物の栄養を左右する[11]。

有機農業が第一にめざすのは、土壌中の腐植の増加である。有機的でパーマカルチャー的な戦略や技術にもとづく農地の管理方法に変えていけば、保水能力や保肥能力、炭素貯蔵能力を自然の牧草地や森林に近いレベルまで上げられる。これが将来の生存にむけて人間にできる唯一最大の貢献であることは、議論の余地がない。

農業の持続性を脅かす最大の脅威は、耕土からの有機物の喪失である。最近では、主流の農業研究でもそれが認められるようになった。土壌有機物を増やそうとする戦略や技術は、有機農家に特有の執念でこそなくなったが、さまざまな形の土壌有機物をどう表し、測り、評価するかの方法は、いまだに確立されていない。土壌試験研究室では、有機物の総量を測るだけで、土の形態や相対的な地質年代や再編成期などの違いにはほとんど注目しない。

未完熟な敷き藁や堆肥の多い土は、ミネラルのバランスが悪い場合がある。(12) 堆肥層は目に見えるわけではないが、黒い色をしていて団粒構造をもつ土は腐植の含有量も高く、過去に多量の有機物が「分解」されたことを示している。有機物の供給が豊富なところでは、ミネラルのバランスがよいと同時に、適切な微生物群が存在しなければ、土は有機物を消化できない。一方、その場所で生産される有機物しか供給されないところ(広大な農場など)では、適切な輪作、牧草地と樹木や灌木の組み合わせがミネラルや微生物と同じくらい重要になる。

堆肥源としての藁

農業残渣、とくに穀物の藁は再生可能な莫大な炭素源であり、将来は燃料やファイバーボード製品(建築用材)の原料になると目されている。そうした原料化は、藁をただ燃やしてしまうよりはましかもしれないが、格言にもあるように「借金を返すために借金をする」ことになりはしないだろうか。土壌の腐植のレベルを維持し、高めるには、家畜を放し飼いにして作物の非可食部を直接食べさせるか、土壌微生物に頼るか、あるいはその両方によって、農場内で完全にリサイクルしなければならない。

北ドイツでは、藁を化石燃料に代わる「再生可能なエネルギー」として、効率のよい炉で暖房用に燃やしている。昔であれば、この藁は冬季に大きな畜舎に入れられた家畜の飼料や敷き藁として用いられていただろう。その結果、春には完成した堆肥が土に戻され、基本的には砂質の土壌を肥沃にしてきた。今日では、畜舎で発生する排泄物は冬のあいだ大きなタンクに貯められ、散布されている。この排泄物には有機物もいくらか含まれているが、土壌の腐植のレベルを維持するには十分ではない。また、近くの都市の飲み水となる地下水の富栄養化も避けられない。

硝酸カリ汚染を防ぐために導入された家畜糞尿の排出許可制度は、排出権の取引を生み、生産増加に躍起になる農家同士が排出権を融通し合う、どろどろとした糞尿を媒介とする「臭い関係」を築くまでになっている。このままでは、世界中で、スペインに動物製堆肥を輸出するオランダのようなことがまかり通るようになるかもしれない。こうして、藁を暖房用に燃やすことで節約されるよりもずっと大量の化石燃料が使われることになる。このケースは環境問題の複雑な性質を物語っている。解決法を探るには、問題の核心に迫る、トータルな枠組みが必要になる。本章の原理を理解し、応用すれば、こうした不条理な悪循環は避けられるだろう。

新たな土壌腐植としての褐炭

褐炭は、適切な処理を施せば、長期にわたって土壌の腐植を形成できる価値の高い資源の一つとみなされるようになった。なかでも、硫黄分の多い褐炭[13]は価値が高い。これは、硫黄が有用な植物栄養素であるからだ。石炭を燃やしたあとの灰は、慣行農法から有機農法への転換の際に土壌改良によく用いられており、普通のやり方よりも早く腐植を形成でき、長期的に安定させられると期待されている。

肥沃なバランスのよい土を一足飛びにもたらすと言われる方法には、常に疑いの目を向けるべきだ。人類はそうした方法をとって失敗してきた。とはいうものの、農場の自然資本の再構築になるならば、産業用または家庭用の発電のために石炭を燃やしたり、危険な毒物として残しておくよりは、妥当な選択なのかもしれない。

木質バイオマスと草質バイオマスのバランス

人間は森林を伐採して耕地にし、大量の木質バイオマス系栄養素を作物を育てるために動員してきた。一年生作物は永続的な栄養の貯蔵庫とはならないが、牧草など多年生作物なら植物バイオマスの栄養貯蔵は、原生林や雑木林に引けを取らない（下巻、二五・二六ページ参照）。

蓄えられた栄養素と利用できる栄養素のバランスはどんなシステムであれ、長期的安定性と短期的生産性のバランスと緊張を示す重要な尺度となる。たとえば家畜を放牧すれば、多年生牧草の栄養素はより濃縮され、使いやすい形（尿や糞）に変わる。微生物が食べ、より美味しく栄養豊富な牧草が育ち、より多くの家畜が飼育できる。ただし、これらの栄養素は流動性に富むので、溶脱や蒸発によって容易に失われてしまう。

草を腐熟させて土に戻し、ゆっくり樹木を育てる方法は、時間こそかかるが、無難だ。とくに、過放牧が問題となり、山火事の危険の少ないところでは、有効である。放牧地を区画割りし、順々に放牧していけば、ちょうどいいバランスの生産性を上げられる。

土壌の腐植は炭素の貯蔵庫

森林の伐採や植林ほど注目されてはいないが、温暖化対策で農地を炭素固定する貯蔵庫として捉える研究や論議が生まれている。そこからは、「腐植の回復が人間にできる唯一最大の未来への貢献」という有機農業運動の長年の主張を裏付けるたくさんの証拠が導き出されてきた。

アラン・ヤオマンズは、父親のP・A・ヤオマンズ［パーマカルチャーの概念に大きな影響を与えた、オーストラリアの持続可能な農法のパイオニア］が独自に開発した有名なヤオマンズ土壌改良鋤を製造している。彼は、「腐植の減少は自動車と同じくらい温暖化ガス増加の大きな原因であり、農地に腐植を増やすことができれば、大気中に増えすぎた二酸化炭素をまるごと吸収できるはずだ」と言う。彼の発言は概算にすぎないが、検証してみると、少なくとも規模については間違っていないことがわかる。

農地における炭素循環と炭素貯蓄の実際と可能性をめぐる研究と議論は、これからもきっと続くだろう。ポスト化石燃料時代においては土壌の腐植という自然資本の再構築が不可欠であり、気候変動はそれを実行しなければならないもうひとつの理由である。

人間はいろいろな方法でこの問題に取り組むことができる。自分自身もできるし、有機農業やバイオダイナミック農業に取り組む農家や土地管理者の支援もできる。具体的にあげてみよう。

①作物を作る庭や畑に有機性廃棄物をすべて戻す。

②集約的な家畜の飼育や工場的農業を止める(これらは化石燃料を使いすぎ、作物の需要を増やし、土壌の腐植を減少させる)。

③富裕国における食肉消費は減らすほうがよい。同時に、その需要をまかなうために、野生地を利用してカンガルーなどの野生動物を飼育する。また、それ以外の放牧動物のために多年生の飼料作物を栽培し、粗放的に管理し、土壌の腐植を促進させる。

④除草剤に依存した連作ではなく、マメ科植物を輪作し、腐植をつくりあげる。

⑤作物に与える可溶性の肥料を、土に与える鉱物性肥料や石炭腐植に変える。

⑥とくに多雨地域では、農場の一部に必ず規模の大きな林を組み込む(なかでも、土をつくる飼料用灌木、木本作物類、樹齢の長い用材樹が重要である。ユーカリや針葉樹などは土を消耗させるだけでなく、山火事で燃えやすいの

で、控えめにする)。

足下の土が命のないコンクリートの固まりのようなものから、湿り気を含む黒々として生きたスポンジのようになったとき、人間は自分たちが間違っていなかったことに気づくだろう。

ミネラル・バランス

アメリカの土壌学者ウイリアム・アルブレヒトは、理想的なバランスの土があれば、どんな作物でも品質のよいものがたくさん採れることを示した最初のひとりであり、理想的な土のミネラルの特徴や生物学的な特徴を発見する先駆的な研究を行った。彼の発見した理想的な土は保水力が高く、吸収力の高い敷物を広げたように土壌浸食も防ぐ。加えて、理想的なミネラル・バランスをもつ土壌は、有機物や厩肥が腐植に変換する最適な環境になる。

アルブレヒトの「すべての作物にとっての理想的な土」は、「すべての植物が生長できる生物学的に最適な土」と拡大解釈してもよいのではないだろうか。気候の制約はあるが、エネルギーの獲得と蓄えを見た場合、バランスのとれた土はもっとも生産性の高い生物系を養うことができる。バランスのとれた肥沃な土は、自然の中に組み込まれる、自己発展的なデザインである。地球上の生命体はそれを利用し、最大の力を発揮でき

図９　土壌の肥沃度とバランスの模型

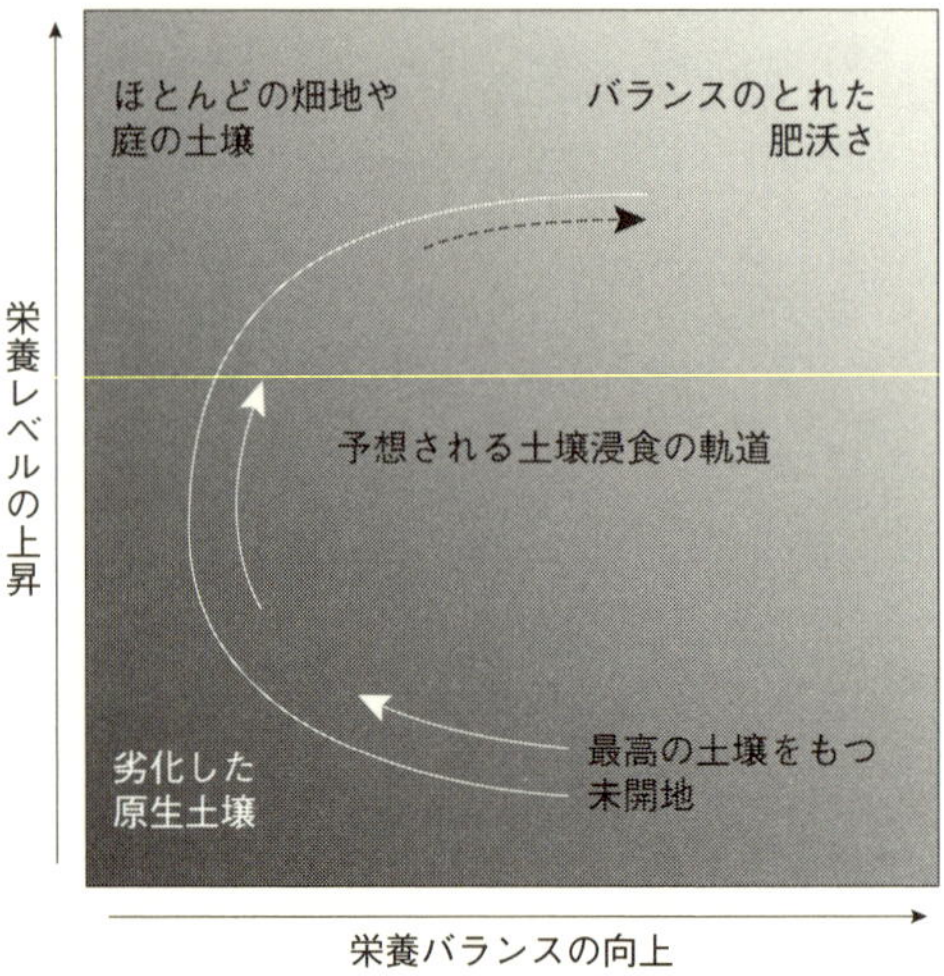

る。

図9に、土のミネラルのレベルとバランスを概念としてモデル化した。ほとんどの農地は、未開地、その劣化という二つの段階を経た結果である。肥沃のレベルとバランスがとれた理想的な条件に到達する土壌はほとんどない。肥沃な未開地は、(少なくとも土がよい状態にあれば)そこそこのバランスであることが多い。だが、最初の収奪で遅かれ早かれ肥沃度が下がり、バランスがくずれる。近代の施肥法によって、栄養のレベルを上げ、生産性を高めることはできた。しかし、ミネラルのバランスは往々にして見逃されたり、食物の品質低下や急速な肥沃度の低下といった新たなアンバランスが生まれてしまうのだ[14]。下手に手を入れたり放置すると、自然の植生はゆっくりと以前より低い栄養レベルでバランスをとり始める。オーストラリアなど地質的に古い地域では、バランスを取り戻す過程はきわめて遅く、未開土壌のバランスに戻ることはない。もっとも、根気か幸運のなせるわざか、バランスがとれて肥沃度も高い究極の土壌が手に入ることもある。

将来(おそらく一〇〇年以内)、農業を補助する化石燃料が底をついたとき、農地や集水域のミネラル肥沃度とバランスが資源管理と経済学の最大の関心事のひとつになるだろう。だが、現在なら土壌改良を大規模に行うために使える手段も、そのころにはとても手が出なかったり、すでに使用できなくなっている可能性が強い[15]。そうなれば、改めて低エネルギーのゆっくりとした方法で土を肥やし、よいバランスをつくりあげていくしかない。

(3)樹木

樹木など樹齢の長い多年生植物は、一年生植物には吸収できない水や養分を効率よく吸収して蓄える能力があり、持続可能な農業に欠かせない。これはパーマカルチャーを最初に唱えた際の中心的概念で、当初の「樹木の作物化」もこれを踏まえたものだ。

オーストラリアの土地改良運動では、塩分濃度、酸性化、富栄養化など土地の劣化問題の対策として、樹木の重要性が強調されている。[16] 人間に食べ物をもたらす果樹などの樹木は、木質バイオマスをたくさんつくり出す丈夫な森林の樹木に比べると、ミネラル要求が大きく、ひ弱で、成長が遅い場合が多い。パーマカルチャー戦略では食べ物をもたらす樹木に焦点を当てがちだが、広大な痩せた土地を再生し、木材、繊維、燃料などを収穫したり、蜂蜜、キノコ、ハーブ、獣皮などの副産物を得るには、森林のほうがずっと重要である。

次のような理由から、用材林はエネルギー下降時代にとくに重要である。

①食料や繊維を目的とする作物には適さない痩せた土地でも、よく育つ。

②生育の旺盛な森林は年間一haあたり五〜三五トンのバイオマスを蓄積できる。これは牧草地に匹敵する。しかも、牧草地とは対照的に、森林は何百年にもわたって安定して育つ。

③まっすぐ伸びる背の高い樹木は、成長速度が鈍ってからも長期にわたって、価値が高まり続ける。これは、きわめて多様な用途をもつ木材が伐採できるからである。

④木材製品の市場が成熟している地域（ヨーロッパなど）では、合板の材料となる樹木は紙パルプや燃料にされる樹木の一〇倍の値がつく。

将来の低エネルギー社会では、さまざまな木材製品を持続的に収穫できる成熟した森林の価値が非常に高くなるにちがいない。国家の富は、過去の時代そうであったように、森林の量と質で測られるだろう。

ヨーロッパの国家が木造戦艦の建造を森林に頼っていたことは歴史が伝えるとおりだが、森林への依存はそれにとどまらない。化石燃料の利用が増えるとともに、船などの材料は木材から鉄に変わっていった。化石燃料の利用が減るにつれて、今度は鉄、コンクリート、アルミニウム、プラスチックなどエネルギー集約型の複合的素材がだんだん木材に替わっていくだろう。もっとも、これは少なくとも三〇年くらい前から森林を育てていればの話である。

とくに温暖化対策などと言わなくとも、長期輪作によってさまざまな樹種が見られる森林を育成しなければならないことは、自然資本の構築の原理からすれば明らかだ。こうしたアプローチのほうが、現在の工業的林業のデザインや投資の根幹にある場当たり的なモノカルチャー思考で取り組むよりも、温暖化対策としてもずっと大きな効果が上がるだろう。長期輪作による針広混交林は、温暖化に対して次のような利点がある。

①樹齢の長い樹木を育てるのに最良の方法は、成長が速く、土壌改良効果のあるアカシアなどの肥料木［空気中の窒素を固定する働きをする根粒菌が根に共生する植物］を混植することである。肥料木は、育ち始めの数年間は炭素の吸収を増やす効果もある。

②長期輪作による森林は、継続的に間伐すれば、少なくとも一〇〇年間は有用な木材種が良好な成長率で育ち続けるだろう。その一〇〇年間に化石燃料は劇的に減るはずである（下巻、一二一～一二三ページ参照）。

③樹齢が長く、質の高い樹木からなる森林を火事から守りながら十分に手入れすれば、それらの木材としての価値と炭素貯蓄が低下し始めるまで数百年は維持できる。

④こうした木材で建てられた家など質の高い製品は、数百年もつだろう。

⑤樹齢の長い樹木から得られる葉、樹皮、木材分解物は、数千年も腐植として蓄積される。

⑥このような森林は、根こそぎの伐採や焼失による二酸化炭素の大規模な放出もなく、再生可能である。

長期輪作による混交林を育てなければならない理由はいくつもある。温暖化ガスを固定する働きは、育成の理由の一つにすぎない。現在では広く受け入れられるようになった「地球の緑化は、人間性を発揮できる数少ない作業の一つである」という考え方の普及に、パーマカルチャーは少なからぬ貢献をしてきた。森林のもたらす目に見えない環境サービス（集水域の保護や温暖化ガスの封じ込めなど）に焦点を当てることは賢明ではある。だが、建築だけでなく、これからの低エネルギー社会に再生可能資源をもたらし、人間の暮らしを持続させる燃料として炭素を蓄える能力があることも認識している人は、決して多くない。

（4）種子（とくに一年生植物について）

多年生作物の利用を増やしたとしても、一年生・二年生[17]の野菜や農作物も維持・栽培しなければならない。これらの作物のほとんどが、多くの種子をつける。小袋に入った数粒の種子しか見たことがない農の初心者にとっては、ややギョッとするような量である。植物を育て、規則的に種子を採り、種子の系統を維持することは、エネルギーを獲得し、蓄えるもっとも重要な例といえる。種子のエネルギー総量は小さいかもしれないが、その密度と潜在的価値はきわめて大きい。

地域の伝統的で丈夫な作物のなかには、数は限られているが、放っておいても毎年こぼれ種からいくらでも自生するものもある。それ以外の作物では、種子系統を劣化させるような望ましくない交雑を避けるため、隔離栽培して、多数の株から慎重に種子を選抜しなければならない。なかには数十年も保存できる種子もあるが、一シーズンしかもたない種子もある。

種子系統を維持するには毎年、栽培しなければならない。パーマカルチャーが提唱する「食べられる庭」は、遺伝情報という特殊なエネルギーを環境中に蓄える作業とも捉えられる。保存された種子は、そうした遺伝情報サイクルの一段階であり、安定して長もちする。

パーマカルチャー運動をとおして、アグリビジネスが見向きもしない在来品種、地域の固有種、希少品種の保存に熱心な活動家による採種・保存のネットワーク[18]が生まれ、根本的な栽培習慣の見直しが始まった。種苗会社のほとんどは一九七〇〜八〇年代に多国籍アグリビジネスに買収され、一代交配種（F1）という屑のような代物を売り込んだ結果、現在の自家採種運動に火がついたのである。

パーマカルチャーが強調してきた多年生植物の利点の一つは、種子を採って毎年のように栽培しなくともよいということだ。ほとんどの多年生植物は、繁殖に十分な種子などの繁殖体[19]をつけるまで育つのに何年もかかる。しかし、樹木や多年生植物の価値ある遺伝的多様性の保存は、エネルギーの獲得と蓄えの重要な例である。オーストラリアの農村部では、多くの土地改良グループが、その地にかろうじて残る固有種の採種・保存に取り組んできた。そうした種子から生まれた農園や防風林は、遺伝資源の生きた貯蔵庫だ。

先人が残した有用樹林は、これからの人間が頼りにできる、価値のある貯蔵庫だ。キャンベラの街路樹や植栽は、バーレー・グリフィン夫妻の想像力に富んだ都市計画によるものである。キャンベラの街路樹には有用で珍しいオーク類がたくさん植えられ、二〇年間にわたってパーマカルチャー活動家たちにとって純系種子の供給源となってきた。それらは、オーストラリア南部における将来の木本作物体系において、とりわけ価値あるものとなるだろう。

放棄された庭や園芸研究所[20]から、希少な果樹の接ぎ穂や幼芽[21]がたくさんの園芸家の手で集められてきた。パーマカルチャーに影響された菜園や果樹園は、これらを後生に伝える生きた貯蔵庫である。メリオドラでは当初から、エネルギーの貯蔵を開発戦略の中心に据えてきた。それは、自分たちのつくりあげたシステムの強度や耐久力を表す尺度と言ってもよい。

自然資本の特徴

水、生きている土、樹木、そして種子。これらはすべて、エネルギー消費の少ない持続可能社会において次のような重要な特徴をもつ。

①自らの保全

土や樹木などの生きた貯蔵庫のほとんどは、他の世話にならず、自らの面倒をみながら、時間の経過とともに成長していく。ダムやタンクなどの水質が保たれるのも、水が自らを保全するからだ。こぼれ種から自生し、純系を保つ野菜は、自己維持する遺伝資源そのものである。

②低い減少率

貯蔵されたエネルギーの減少率が低ければ、エネルギーの低下は質量ともに遅いので、長いあいだ使用できる。しかも、維持も最小限のエネルギーですむ。エネルギー、情報、労働力が豊富にあるときにこれらを貯蓄しておけば、将来の低エネルギー社会でも維持できる。多年生植物が保護してくれれば、バランスのよい土からの養分溶脱速度もきわめて遅くなる。林業者は認めたがらないが、樹齢の長い健康な樹木からなる成熟した森林から採取された木材はなかなか劣化しない。きちんと設計された貯水設備は、維持管理の手間がほとんどかからない。トマトや豆類のように、保存がとても簡単で、純系も維持しやすい野菜もある。

③特別で高価な技術がなくても簡単に利用できる

貯蔵されたエネルギーが簡単に使える性質のものであれば、将来の社会でも、技術や収入に関係なく、利用できる。歴史をとおして、どんな文化圏や言語圏でも、水、肥沃な土、種子、良質の用材林は高い価値があるとみなされてきた。

④独占、盗み、暴力への備え

蓄えられたものが自然に散逸し、拡散していく性質をもつ場合は、特定の場所に集めておくのはむずかしい。また、不公平なやり方で管理することもむずかしい。とくに、純系の種子は（アグリビジネスが多大な努力を払っているにもかかわらず[22]）、それに該当する。肥沃な土や水、森などキロあたりの価値が小さく、かさばるものは、盗まれることもない。内政不安、テロ、戦争に備えるのはむずかしいが、建物や消費財のような通常の富よりは暴力の餌食となりにくい。

4　水域と地域の設計

集水域と地域の設計を考える際には、それぞれの環境に蓄えられた主要な自然資本とともに、ここにあげた四つの特徴を基本として考慮する。それは全体を広く見渡すレンズとなり、開発計画（真の豊かさの創造）と（すでに手にしているものの）保護の重要性という両面がはっきりと見えるようになる。こういう見方をすれば、膨大で複雑な環境規制を咀嚼して取り入れ、現在のような小手先の衝撃を緩和するだけの場当たり的な開発を止め、真の自然資本をつくるような開発をするべきだという、根本的な結論にたどりつく。土地の活用や管理を考える場合には、次の点を考慮する必要がある。

①水・養分・炭素のメカニズムと蓄えを知る。
②水・養分・炭素の溶脱を知る。
③同様のエネルギー・資源環境のもとで発展してきた自然システムと野生システムにおける蓄えの効率と損失のリスクを比較する。

数値データが手に入らなくとも、環境を読みとる技量があれば、これらを自分の眼で評価できる。そして、その評価は設計・デザイン・実施の各段階で役に立つ。

また、これがおそらくもっとも重要な点だが、既存の土地利用を漸進的に改良すれば、水や養分、炭素をすでに効率的に獲得し、蓄えている野生や自然の共進化のプロセスや生態的な継続過程を助けることになる（原理12「変化には創造的に対応して利用する」〈下巻〉参照）。その結果、これらの役割をすでに果たしている既存の自然や野生の成員を助け、補強することになる。

パーマカルチャーの文献に記載されている多くの戦略や技術は、水・養分・炭素の獲得と蓄えの効率を高めるための優れた方法である。多年生作物、キーライン［地形を読み、等高線を利用して水を確保し、土壌改良をめざす方法。P・A・ヤオマンズ（一一六ページ参照）が提唱した］を利用した土壌改良や水の収穫、スウェイル、フード・フォレスト［食べ物を森林のような環境で作る、パーマカルチャーにおける究極のシステム］、飼料樹、区画割りした放牧、長い期間で輪作する森林などが、それに含まれる。

さらに、ハワード・オーダムなどは、環境アセスメントのためのエメルギー会計法を開発し、利用してきた。パーマカルチャーが促進する全体論的なものの見方についても、この会計法を使えば、より定量的な正確な例が導き出せる（一六二・一六三ページ参照）。エメルギーとパーマカルチャーの二つのアプローチは、お互いをチェックし合う相互補完的な関係にある。エメルギー会計を考えることで、パーマカルチャーの原理と戦略はより洗練されていく。常識的な経験法則からあぶり出したパーマカルチャーの原理は、複雑な人工環境システムを数値化する際に見落とされがちな側面を補うものである。

5　エネルギーをどこに蓄えるか

基本は自宅

パーマカルチャー戦略のひとつに、家庭と地域の経済的自立の促進がある（原理3「収穫せよ」、原理4「自律とフィードバックの活用」参照）。これは食料や燃料など伝統的な意味でのエネルギーの蓄えを再構築し、環境中のエネルギーの蓄えを補うものである。昔ながらの田舎の生活のさまざまなイメージが浮かんでくるだろう。

メリオドラには種子の保存箱や食料の貯蔵室があり、薪が山積みされている。これらは昔ながらの慎ましい富の貯蔵庫であり、生活を楽しくする、ありがたいものである。いろいろな種子の入る箱に保存されるのは豊かな未来をもたらす可能性であり、そこには、交換し、購入した努力が反映されている。食料貯蔵室では、豊かな季節がもたらした収穫が瓶の中に保存されている。それらは、仮に翌年が不作でも、それで食いつないでいくことができる保険でもある。薪の山は、二年かけてじっくり乾燥させた薪から使っていき、そのつど生木を補給していく。それは自然の豊かさを表すだけでなく、天気と太陽のゆっくりとした、きわめて誠実な仕事ぶりを象徴している。こうしたタイプのエネルギーの自宅貯蔵には、次のような特徴がある。

①多様、②少量、③分散している、④使用が容易、⑤富の独占を企む者や泥棒の目をひくほど豊かではなく、持ち運びできない。

こうした富にあふれた国は、スーパーマーケットや送電線網といった処理能力の高い集中システムに食料と燃料の供給を頼る国に比べて、はるかに安全で、安定している（二〇一〜二〇七ページ参照）。

人工的環境における基準

種子、食料、燃料などの自宅での保存はどんな社会でも基本であるが、話はそれだけで終わらない。エネルギーはしだいに、より精巧で価値の高い形へと変化する。やがて、それは物理的資源の枠を超え、道具、建物、道路、電力、テレコミュニケーションなどのインフラのように、資源を使って作り出されたものへと及んでいく。

近代社会では、過去数百年間に莫大な量の化石燃料や自然エネルギーが「産業における食物連鎖」に投入され、その結果として都市、技術、そして電力と通信のインフラが爆発的に発達した。裕福な国では、自然環境ではなく、人工的環境のもとで暮らすのが普通になっている。そこでは、技術の産物であるライフスタイルや文化の「必需品」を手元に置くために、「流行遅れの品」が絶えず捨て続けられる。

システム的な点からすると、近代社会はあらゆる側面において「エネルギーの獲得と蓄え」にきわめて積極的であった。だが、これらの貯蔵庫のほとんどは工業コンビナートなしには役に立たないし、エネルギー消費と大量廃棄をあおるものばかりだ。たとえば、膨大なエネルギーを消費する建物や高速道路は化石燃料が絶えず新たに供給されなければ成り立たない。「より大きな成果を少ないコストと労力で」を謳ったコンピュータでさえ、新製品へ交換しなければ、規模の経済を達成し、ソフトウエアの更新にともなう問題を避けられないようだ。

パーマカルチャー活動家は、自然環境におけるエネルギーの獲得と蓄えを意識的に追求する。それを人工的環境にも当てはめ、エネルギー効率のよい建築、適切な技術、あらゆる製品の開発に取り組めばよい。道具、建築、インフラの開発を考える場合には、これまでに述べてきた特徴に倣うことをめざすべきである。以下のような基準が適切だろう。

①規模は控えめ、②長く保つように設計され、かつ／または再生可能な材料で作られている、③維持管理が容易(必ずしもメンテナンスフリーでなくてもよい)、④他の用途へも簡単に転用できる。

先進国では、既存の建物やインフラの維持費がすでに大きな経済的負担になっている。それらの創造的な改修に取り組むと同時に、この四つのデザイン基準を新しい開発計画に当てはめることで、先進国の過剰開発に歯止めがかけられるかもしれない。建物やインフラの維持管理業者には明るい将来が待っているかもしれないが、安価なエネルギーが容易に手に入ることをあてにして設計され、建築された建物を今後どうしたらよいのか、対策を見つけるのは容易ではないだろう(原理6「無駄を出すな」参照)。

メリオドラでは、テラスや溜め池、通路の建築にできるだけ土や石を使い、フェンスや作業小屋などの手入れや更新を少なくするように留意した。メリオドラの住まいは小さな農場の平均的な住居よりは大きく、たくさんの機能があり、在宅勤務や自立的なライフスタイルが可能である。その他の建物も多目的に利用でき、内部はいつでも改造できる。建築過程では、近所で手に入る再生可能な材料である土や木をたくさん使った。工業建築材も利用したが、建物の基本的な機能を果たすための水道ポンプを含め、動力を必要とする機械や技術の導入は最小限にとどめている。

6　エネルギー下降時代の文化

後を絶たない金融破綻

今日の技術や建築資産は大規模だが、より質の高いエネルギーの最大の貯蔵庫は思わぬところにある。たとえば、政府、経済、社会、文化に存在する情報や構造は、エネルギーや資源とは無縁の無形の「モノ」と捉えられがちだ。しかし、これらの「モノ」の増殖が高エネルギーな化石燃料にもとづく社会において必須であったことは偶然ではない。

自然界には食物連鎖網が長く張りめぐらされ、太陽エネルギーは複雑な形にどんどん変換していく。ミツバチの巣の構造、成熟した森林の物理的構造、長寿の捕食動物の狩猟技術、そして生物多様性全般を考えてみれば、それが理解できるだろう。ハワード・オーダムなどのシステム生態学者によれば、複雑な形態の組織や構造をつくり出すのには非常に大きなエメルギーが必要であるという。人間のシステムを研究すると、政府や経済、教育や文化の創造や維持も、自然の生態系と同じようにエネルギー法則に沿っていることがわかる。これらの多様で複雑な無形の資産は、かつて獲得され、有用な形で蓄えられたエネルギーが投入されたものだ。

「実体のない経済」というこれまでにない新しい考え方が、もてはやされている。これは(富の集まるところに集中する)情報産業とサービス産業にもとづき、エネルギーどころか材料の加工や輸送もほとんど含まない経済とされている。しかし、経済学者は忘れてしまったようだが、人間はエネルギーの法則のもとで生きている。

金融資本は、現代社会の非物質的な富のもっとも明白で有力な形といえる。ここ数十年、金融資本は世界中を猛烈な早さで駆けめぐり、破壊的で短期的な投資を繰り返している。それは、近代資本主義の機能不全をもっとも的確に示すものである。長期的には、この気まぐれで激しやすい形の富に、統制と指導の枠をはめなければならない。それは火を見るより明らかだ。そもそも、金融資本の価値は錯覚かもしれない。現に、金融資本は実質的な富の源から解離しているではないか。一九八〇年代以降、さまざまな金融破綻が後を絶たない。カネとモノの価値が一致する日が来るまで、より多くの金融破綻が繰り返されるだろう。

社会的責任投資は、金融サービスのなかでもっとも成長の著しい分野のひとつである。そのさらなる成長を阻むのは、倫理的な投資をしようとする人が足りないからではなく、投資先となる適切な企業や、社会的・環境的基準を満たし、財政的に堅実であると思われるプロジェクトが足りないからである。にもかかわらず、こうした社会的責任投資は、市場平均かそれを上回る配当を支払ってきた。

エネルギー下降時代に適応するためには、それにあった政治、経済、芸術や神話も含めた文化の迅速な発達が緊急の課題である。パーマカルチャーの原理を使えば持続可能な文化や社会をデザインできると主張するのは、飛躍しすぎかもしれない。とはいえ、少なくとも、人間が巻き込まれているさまざまな文化現象の理解に、これらの原理は有効だ。

エネルギー下降社会の文化に適応する姿勢と価値

これから訪れるエネルギー下降時代の文化の形成に寄与すると考えられる姿勢や価値には、次のようなものがある。

①特色ある知的活動、職業や知識分野における専門外からの貢献の受け入れや支援。
②科学的合理主義（現代の主たる文化的パラダイムであり、パーマカルチャーもここから生まれた）にもとづかない知識体系や理解方法の評価。
③どんな分野であれ、地域社会や知人による証明や実証がないかぎり、公権力や公式の資格を疑ってみる。
④（地域社会を無視するグローバルな文化の対極にある）地域社会に根ざす古来からの文化について、あらゆる正当性と価値を認め、各地域の状況に合わせ、取り入れられる点は自由に取り入れる。
⑤グローバルではない、地域独自の知識、食べ物、芸術、文化の支援・賞賛によって、地域文化の振興に寄与する。
⑥メディアや情報技術の大きな力を利用する（ただし、全面的に頼るのではなく、他のコミュニケーション、記憶、解釈方法も忘れないようにする。情報技術はケーキそのものではなく、ケーキの上にまぶす粉砂糖である）。
こうした姿勢や価値は、生活を営み、生計を立て、子どもを育て、病気や危機に対処し、社会生活に寄与し、富や権力を再分配するときに有効である。

未来の持続可能な文化

エネルギー下降が進み、変化の速度がゆるやかになるにつれ、ますます耐久力があり、持続可能で、より多様な、バイオリージョンにもとづく文化が出現する。これらの文化には次のような特徴がある。
①バイオリージョンにもとづく政治構造・経済構造をもち、新しい地理的多様性を形づくる。
②生物発生的にも、人種的にも、文化的にも、知識的にも、交雑受精や相互交換がなされ、雑種の旺盛な繁殖

力の利用が図られる。
③集中的でコストの高い技術を利用はするが、依存度は低い。
④フィードバックとそれを反映した洗練という過程を経て、漸進的に発展する。
低エネルギーへの移行期および加速期における地域社会の再構築にこれらの特徴が応用される例については、原理８「分離よりも統合」(下巻)を参照されたい。

7　非再生可能資源の適切な使用

システム構築のための非再生可能資源・技術

ここまで、自然資源と人的資産を再構築するために既存の富をどう投資するかについて述べてきた。これらの戦略はいずれも、化石燃料などの非再生可能資源の使用をある程度は見込んでいる。低エネルギー時代への移行過程は、自然資源と人的資産を再構築するために既存の富や非再生可能資源を有効に使う、絶好の機会となる。

一般に、非再生可能資源や技術はシステムの維持に常時使ったり、収穫の際に使うのではなく、システムを構築するときに用いるのがもっとも効果的だ。これは、システムの構築が一生、あるいは何世代にもわたり、段階的に徐々に続いていく場合にも当てはまる。たとえば、パッシブ・ソーラー住宅は、エネルギーがすでに大量に投資されたガラスという素材を利用し、太陽エネルギーを獲得する。ガラスが太陽エネルギーを獲得すると同時に採光や眺望などの役割も果たすなら、非再生可能エネルギーがたっぷり投入されたガラスを効率的に使っている例ということができる。

ブルドーザーなどの大型土木機械は、おそらく化石燃料や技術の効果的な利用のもっとも典型的な例だろう。これらの土木機械をしっかりとした設計に沿って、集水や貯水、水利システム、敷地内の道路造成や住宅用地の整地に利用すれば、土地の生産力が高められる。いったん完成すれば、あとは必要に応じて、人間の力で維持管理できる。土木機械を効果的に利用する方法がもうひとつある。こちこちに固くなった土壌を再生するには、耕すのではなく、専用の鍬で土を裂いてやればよい。そのあとで、適切なデザインにもとづいて植物を植えれば、長期間にわたって土壌構造を維持できる。

土づくりのための無機肥料

無機肥料は採掘や破砕、輸送の過程で(有限な)化石燃料に頼り、しかもリン鉱石などのようにそれ自体、有限で非再生可能な資源でもある。そういう有限さを承知のうえで、地力を長期にわたって向上させるために使用する、まれなケースである。近代農業の歴史が物語るように、肥沃度の向上をめざす試みのほとんどはとても短期的であり(土に与えるのではなく、作物に与える)、土のアンバランスや汚染などの有害な影響を引き起こす場合が多い。とはいえ、土壌ミネラルのバランスをよく理解して適用すれば、生物学的な生産力が恒久的に向上し、生産物として持ち出された分を補う以外、繰り返して与える必要はない。

無機肥料を慎重に選択してタイミングよく施肥すれば、長期的な生産力や土の健康を向上できる。しかし、パーマカルチャー活動家はこれまで、そのことを無視しがちであった。これは、不適切な無機肥料の使用(ほとんどが可溶性である)が悪影響を引き起こした歴史と、パーマカルチャーそのものが生物学的な解決法を重視してきためだろう。岩石から抽出されるミネラルは強力で、簡単に使えるため、誤用も多い。だが、その潜在的な恩恵を無視すると、家畜や人間の健康に不可欠なミネラル・バランスを欠いてしまうかもしれない。

一方で、化学（土壌の元素）と生物学（植物、動物、微生物）の両面からの土壌改良を考える必要もある。うまくいけば、高い生産力と健全なバランスをもつ究極の土づくりが有機農法で行えるかもしれない。メリオドラでも、土地が痩せ、生産性が頭打ちになった理由は、ミネラルのアンバランスによるものであった。

最近では、土壌試験（アルブレヒトの方法にもとづく）、植物汁液の屈折計試験、および観察にもとづいて、ミネラルを治療的に施与するようになった。基本的なミネラルのバランスはまずまずなので、生物学的アプローチ（バイオダイナミック農法にもとづく調合剤の投与を含む）を微調整しながら拡張していくことに、現在は関心を注いでいる。究極の土壌が形成できるかどうかは、時間が経ってみないとわからない。肥沃度を最大に引き出すためにミネラル・バランスが果たす役割について、現在までの理解をまとめると次のようになる。

①無機栄養素のレベルとバランスは、二つの異なる重要な指標である。肥沃度を理解し、維持するために、どちらも欠かせない。

②バイオリージョンや土のタイプに特有なミネラルのバランスが重要である。なお、家庭菜園などの集約的な土地利用では、それらのパターンとはまったく異なるアンバランスが生まれることがある。

③理想的なバランスの土があれば、その気候で生育できるすべての作物が健康に育ち、生産力も品質も高い。

④特定のアンバランスに適応する野生種や固有種は、バランスのとれた土に植えても元気に育つ。

⑤土のミネラル・バランスを正すとき、もっとも重要なのはカルシウム、マグネシウム、カリウム、ナトリウムというアルカリ無機栄養素のバランスである。

⑥バランスの測定にはいろいろな方法がある。酸性度やpHの測定はある程度役立つものの、誤解を招きやすい。バランスのとれた土のpHは約六・五だが、それが必ずしもバランスがとれているわけではない。
⑦理想的な土は、飽和パーセンテージ[23]として、カルシウム六八%、マグネシウム一二%、カリウム二〜五%、ナトリウム一%未満というバランスである。
⑧土壌の保水能力、保肥能力、炭素貯蔵能力とならび、粘土質土壌の能力を決める最大の要因は、カルシウムとマグネシウムのバランスである。団粒化した土壌が生物学的生産力を決める。このバランスがよいと、手入れが簡単で、侵食や荒廃から土地を守ることができる。
⑨植物の葉が青々と茂るのか、枝や茎が固くなるのかを決めるもっとも有力な土壌要因は、カルシウムとカリウムのバランスである。
⑩カルシウム分が多くなると、草は軟らかくなり、青々と繁茂し、動物が喜んで食べる飼料となる。微生物による分解も速く、短期間で腐植が形成される。果実は甘く、長く保存できる。
⑪カリウムが比較的多い場合、草は繊維質となり、動物は喜んで食べなくなる。分解はバクテリアではなく真菌が優勢となり、時間がかかる。果実は酸っぱくなり、保存性も悪くなる。一方、木本植物[草との対比で使われる植物学用語で、樹木を指す]はよく育ち、木材の耐久性は高くなる。ただし、落ち葉の腐植は進みにくく、乾燥したまま積もり、山火事の原因となりやすい。
⑫有機物や堆肥は、その成分や形成方法によって、土壌の肥沃効果に大きな違いがある。バランスのとれたシステムから生産された有機物は、そのバランスを維持できる。アンバランスなシステムでも、有機物の循環によって一定の効果はあるが、その成功の程度は、基礎にあるシステムの性質や程度に応じる。

⑬バランスを維持するための施肥設計は、バランスを確立するために必要な施肥設計とはまったく異なる。土壌肥料（有機肥料、岩石から抽出したミネラル、化学肥料）がよい結果を生み出すからといって、たくさん与えても、よりよい結果が得られるとは限らない。

8　理想主義か実用主義か？

実際のところ、化石燃料の力と利便性をまったく借りない生活はむずかしいし、愚かなことかもしれない。しかしながら、石炭から発電された電力、自動車のガソリン、または畑の敷き藁に（化石燃料の手助けで作られた）アルファルファの干し草を使うとき、こうした安い資源を当たり前だと思ってはいけない。システムを設計するときには、これらの資源がはるかに高い価格であると仮定するべきだ。

たとえば、メリオドラでも送電線から電力を引いている。しかし、住居の設計と暮らし方のおかげで一日に使う電力は三kW時未満で、これは一般家庭の消費量の五分の一以下である。暖房、給湯、調理などは再生可能エネルギー（パッシブ・ソーラーと薪）でまかなっている。また、気化熱を利用した冷蔵戸棚があり、旬の農産物を食べる習慣やエネルギーをそれほど使わない食品保存法を心がけているので、電力を消費する冷蔵庫は補助的な設備である。

このように、私たちはやや高価なグリーン電力料金を支払い、再生可能エネルギー資源の開発を支援しているが、それよりも電力消費そのものを抑えるほうが大切である。メリオドラの電力需要は太陽光発電パネルでまかなえるかもしれないけれど、もっと他の部分にお金を使ったほうがよいのではないかと思っている(太陽光発電のメリットについては、原理5「再生可能資源やサービスの利用と評価」参照)。

ある意味で、これは原理と実用主義のバランス論のように聞こえるかもしれない。だが、化石燃料の使用は悪であり、非効率的で、非道徳的であるという考え方には組みしない。化石燃料は非常に有用である。ただし、その消費は度を越しており、使い道も陳腐で、大半が破壊的なのだ。

化石燃料の陳腐さが気になり出したのは、一九七四年のある晴れた日曜日、ホバートでのことだ。アワビ漁師だった友人がモーターボートで漁に連れていってくれた。船外ツイン八〇馬力のボートが風を切り、カモメを追ってダーウェント河口を走ったとき、自分たちの消費するエネルギーは古代の王様など足下にも及ばないと思ったことを覚えている。古代の王のふるまいは民衆や自然に直接の影響を及ぼした。一方、自分たちの行為は、つかの間の爽快感(そして資源の減耗)以外は何ももたらさないだろう。

ある行動の長期的な影響を評価するのはむずかしいが、たいていの場合、自分の人生と地球を浪費しているのは明らかである。一九九〇年にシドニーからメルボルンへ向かう飛行機の中で、隣の乗客と議論になったことがある。オーストラリア初の持続可能な農業の大学院課程を編成するためにニューサウスウェールズ州のオレンジで開かれた二日間のワークショップに参加し、ビクトリア州の自宅への帰りだった。出張の会社員で満員の飛行機で、価値のバランスについてあれこれ考えをめぐらせていた。隣の女性は中小企業にデスクトップ型パソコンを売りにシドニーへ日帰り出張した帰りだと言う。彼女は、自分の売るパソコンが競合ブランドのものとほとんど違わず、同じ部品で造られていると認め、だから出張も(生活の糧を得る以外に)意味のないことを認めていた。

彼女は数学の修士号をもっているというから、浪費は自然資源だけでなく人間の才能にまで及んでいる。彼女の出張の話を聞いてから、それまで考えていた倫理問題から意識が離れ、日帰り出張者たちで満員の機内を眺めた。はたして、実際に価値のある行動をしている人間は、この飛行機にどのくらいいるのだろうか。

9　未来の世代のために

未来の世代のための長期的な資産の形成は、昔から倫理的行動の規範だった。移り変わりが激しく、短期的な思考が支配的な現代社会だが、未来を思いやり、孫や子孫のためにどんな投資をしたらよいのか見極めることを強調する文化を再構築しなければならない。本章で取り上げた原理は、不確実な社会にあって何に価値があるのかを考える枠組みを提供する。

パーマカルチャー・デザイン・コースのひとつで、ユーカリ林で間伐剪定法(24)を実演したとき、こんな質問を受けた。

「未来の世代が伐り倒して用材などにしないように、木は曲がらせたまま、枝打ちしないほうがよいのではないですか」

私は、こう答えた。

「豊富な化石燃料を無尽蔵に使い、ぜいたくのかぎりを尽くしながら、将来の人間は賢明に使えないだろうから、高質な再生可能な資源は何も残さない。そんな現代人のことを将来の人間がどう思うか考えてみなさい」

別のコースでは、森林などの生物学的資源の貯蓄を再構築するという主題に対して質問が出た。

「英国では木造船の用材としてオークが植林されましたが、新しいエネルギー源と技術によって、船は木造から鉄製に変わりました。その結果、植林されたオークは不要になってしまったじゃないですか」

私の答えは次のようなものである。

「仮に天然資源を必要としないハイテク社会が生まれるにしても、美しい森林は残す必要がある。森林は野生の自然の宝庫となり、魂を触発するだろう。英国の『時代遅れ』のオークの森が現在そうなっているように。見込みが大幅にはずれたにしては、まんざら悪い結果ではない」

（1）生態学で「ニッチ」とは、自然環境下で他の生物との関係を規定し、自らの生存が保証される、ある生物の役割を意味する。最近はビジネスやパーソナリティー関係でもよく用いられるが、この生態学用語から派生したものである。

（2）地球は海面に覆われた部分が大きいという単純な数字だけにもとづいて、海から得られるかもしれない新しい資源が過大評価されている。これは、深海の大部分が生態学的には不毛の地であり、海のミネラル資源を活用しようとすると、そのエネルギーコストは水深とともに指数関数的に上昇することを無視したものである。利用できる生物資源やミネラル資源のほとんどすべては、大陸棚の浅いところに存在する。水深は数千mという単位ではなく、せいぜい数百mまでである。

（3）少数派であるが、他のいくつかの生化学プロセスによって化学エネルギーを取り込む微生物もいる。

（4）一般に、ここ一〇万年を指す。

（5）渡り鳥や魚も含む。ウナギ、鮭などの海から先祖の産卵地へ戻る魚は、海から集水域へ有用なミネラルを運ぶ特殊なケースである。

（6）大気中の二酸化炭素は、植物が有機炭素化合物（まずは単純な糖ができる）を作り出す際の原料となる。

（7）単に意味論の問題に見えるかもしれないが、炭素の封じ込めの有力な企業戦略はすべて、問題を減らすのではなく、むしろ拡大するきらいがある。広大な単作しかり、回転の速い作付けしかり、火力発電所が排出する二酸化炭素を地下に固定させようとする試みもまたしかりである。

（8）原生の生態系の再生に従事するなかには、パーマカルチャーの実践家が木本植物の栽培を生態学的に価値あるものとして重視するため、「バイオマスジャンキー」と呼ぶ者もいる。植物バイオマスの見方に関するバランスのとれた考察は、下巻、二五・二六ページ参照。

（9）この分野の現状についてのよい文献としては、『無限に拡がるアイガモ水稲同時作』（古野隆雄、農山漁村文化協会、一九九七年）を参照。

（10）温帯の肥沃な耕作可能土壌は一〇％を超える腐植を含むが、現在の大多数の土壌においては五％に満たない。

（11）土壌化学における比較的最近の研究によれば、植物が有機養分を吸収していることが明らかになり、従来の無機栄養説は単純すぎる、あるいは間違っていることがわかってきた。

（12）酸性土が有機物の分解に時間がかかることは、よく知られている。ただし、これは症状であり、原因ではない。もっと根本的な原因は、カルシウムがカリウムに比べて少ないことだ。

（13）硫黄分の多い褐炭を発電所や溶鉱炉で燃やすと汚染が大きい。

（14）溶脱（一般には窒素、カリウム、カルシウム）は、土壌構造が不十分で養分を保持する腐植が少ないと、加速化される。ミネラルのアンバランスもその一因だ。

（15）リン灰石はもっとも重要なものの一つで、枯渇の著しい鉱物資源だ。過去にリン灰石が多く施肥された場所では、土壌に大量に閉じ込められているものを微生物の働きで放出させることもできる。しかし、そのような施肥が行われなかった農地では、土壌にリンが存在するケースはほとんどない。

（16）ユーカリノキ属、モクマオウ属、アカシア属や針葉樹は、これらの用材樹木の典型である。

（17）二年生植物はライフサイクルをまっとうして種子をつけるまで二シーズンかかるが、人参やキャベツのように、一シーズン経った栄養成長段階で収穫できるものもある。

（18）オーストラリアのシード・セーバーズ・ネットワークのファントン夫妻などが、種子保存運動の最前線で活動してきた。種子の採取と保存のための有用な実践的ガイドブックである『自家採種ハンドブック』（ミシェル・ファントン、ジュード・ファントン著、自家採種ハンドブック出版委員会訳、現代書館、二〇〇二年）を参照。

（19）繁殖体としては、種子、球根、ランナー、吸枝、挿し木、その他繁殖可能な植物の栄養体があげられる。種子から育った植物は他家受粉により親のタイプと異なるものもあるが、栄養(クローン)繁殖は確実に親のタイプである。

(20) 一九八〇年代の州農業省の予算削減に加えて、一般の関心が企業化の風潮のもとで薄れ、果実やナッツ類の品種コレクションや植物園がいくつも放棄されてしまった。州農業省の職員の個人的な努力や個人栽培家の努力がなければ、これらの価値あるコレクションは失われてしまっただろう。メルボルンの伝来果樹パーマカルチャー・グループやパーマカルチャー事業家のジェイソン・アレクサンドラとマーグ・マックネイルは、メルボルンのペティー果樹園にわずかに残っていたオーストラリアの伝統的リンゴのコレクションを維持管理している。

(21) 純系品種を育成するために接ぎ木や発芽に用いる切り枝。

(22) アグリビジネスの多国籍企業は政府立法の後押しを受け、植物特許や遺伝子組み換えを含む種子供給のコントロールに多大かつ革新的な努力を払ってきた。闘いはいまも続いている。

(23) 米国のブルックサイド研究所の計算では、全陽イオン交換能の飽和塩基を用いると微量塩基五%、水素一二%となる。

(24) ユーカリの一種であるボックス樹は、成長が遅いものの、橋の建造やその他の重工業用途にきわめて適した、非常に堅く耐久性のある用材になる。

原理3

収穫せよ

腹が減っては戦ができぬ

前章では、いまある富を使って自然資本に長期投資する必要性に的をしぼった。しかし、今日の食べ物が十分なかったら、孫たちのために木を植えても意味はない。原理3の要旨は、システムのデザインにあたっては、あらゆるレベル（自分自身を含む）において自立をめざし、確保したエネルギーを有効に利用してシステムを維持し、さらに多くのエネルギーの獲得をめざすということだ。上り坂から下り坂にさしかかる時代には、柔軟性と創造力をフルに使い、収穫を得る新しい方法を発見しなければならない。

何かをデザインしたり開発したりする際に頭にとめておくのは、すぐに収穫に結びつく方法は、どんどん広がっていくということだ。それに対して、納得のいく収穫がなかなかあがらない場合には尻すぼみになる傾向がある。それは自然の摂理であるとか、市場原理、あるいは人間の欲であるなど、さまざまな説明が試みられるが、生存の要求を満たすために効率的に収穫し、それをもっとも有効に利用するシステムが何より大切だということだ。(1)

収穫――利益または収入と言ってもよいが――はそれを生み出すシステムを支え、維持し、再生する報酬として存在する。成功するシステムは、こうして広まっていく。システム用語では、報酬は正のフィードバック・ループと呼ばれる。もともとのプロセスや信号をさらに押し進め、加速度的に循環するのを助ける。持続可能なデザインを本気で考えるならば、やはり報酬をめざすべきであり、報酬があればこそ、解決手段の成功、成長、再生も促される。

パーマカルチャーの創世期にビル・モリソンは、役に立たない観葉植物ではなく、食べられて役に立つ植物で庭をつくろうと言った。それは、この原理が応用される重要な例である。本章のアイコンである一口かじられた野菜の絵は、収穫した野菜は当座の恵みをもたらす生産物であることを示唆し、同時にかじった跡は人間の努力の結晶である収穫物をかすめ取ろうとする他の生物の存在を連想させる。

1　自然のモデルと競争の利点

あらゆる生物や種は、周囲の環境から生命を維持するための収穫を得る。それができなければ即、消滅だ。自然が人間に与える教訓のなかで、これほど基本的なものはない。それは、根本的な生存本能を再確認させる。ダーウィンは競争と略奪を強調した。この二つを自然淘汰の推進力とみなしたのは、自然システムの観察とともに、産業化の幕開け時代の英国で破壊的な競争と淘汰を目の当たりにしたからである。その個人的な体験が、ダーウィンに似たようなモデルを自然界に求めさせたのだ。ビクトリア朝時代の産業エリートたちは、ダーウィン主義を自分たちの社会観や政治観のために都合よく利用した。一〇〇年前、ロシアの地理学者であり、無政府主義者であるピョートル・クロポトキンは、自然界、そして人類史上における協調と共生関係を示す多くの例をあげ、社会的ダーウィン主義を論破した。(2) これはパーマカルチャー・デザインにとっても重要な側面であり、原理８「分離よりも統合」(下巻)で詳細に考察する。

二〇世紀の最後の二〇年間に、再び抑制のない経済競争が体制派の聖域となった。新自由主義者は資本主義の経済競争の概念を誤用したり、都合のいいように選択して解釈する。だが、それによって、別の設計案、プロセス、システムを検討する際に、競争の果たす役割について、バランス感覚のある判断を見誤ったり、収穫を得る必要性を疑うことがあってはならない。

ある条件において、個々の生物や種の活力や適合性を判断する場合、自然界の競争という概念が役に立つ。弱者を排除する捕食もまた、「適者生存」に一役買っている。たとえば、植物は直播きすると密生する(ラディッシュや樫類)。そして、もっとも成長が速く、強い個体が優勢となるのを促す。強い個体を残す間引き(間伐)によって、このプロセスを手助けできる。間引きによって、人間はえり好みする捕食者として振る舞っている。母羊を失った子羊を見殺しにするオーストラリアの農家を冷淡とか怠惰と見る人がいるかもしれないが、ほかの母羊たちへの圧力を考慮し、牧羊家は積極的に淘汰するのだ(競争と捕食を活用する詳細な方法については、原理8「分離よりも統合」、原理10「多様性を利用し、尊ぶ」、原理12「変化には創造的に対応して利用する」(下巻)参照)。

楽をしたい気持ちと攻撃や競争から自分を過剰に守ろうとする行為が自己満足と怠惰につながり、やがては機能不全に陥る。これは、子育てや組織の発展、ひいては文明の歴史に至るまで、人間社会のいたるところで目にする現象だ。

2　最大出力の法則

投入エネルギーの量と変換効率

廃熱として排出されるエネルギーは、もはやシステムを動かせない。それは、エントロピーの損失と考えられる。原理2「エネルギーを獲得し、貯える」では、このエントロピーの損失を、あらゆる物理現象で起きるエネルギー変換において避けられない現象であると説明した。このエネルギーの損失によって、実質的な仕事への変

図10　熱機関の最大出力

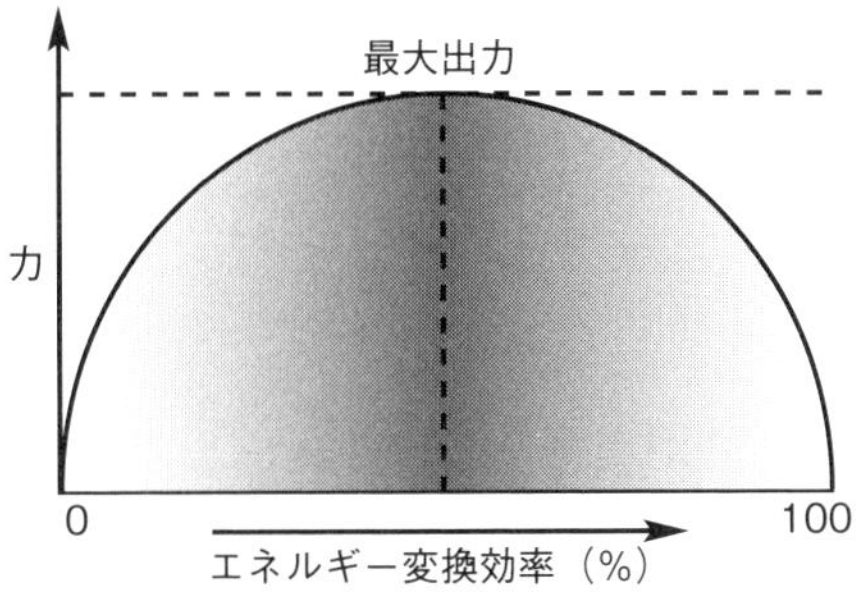

換効率はどんどん低下する。どんなプロセスでも、実質的な作業効率、つまり出力は、投入されるエネルギーの量と変換効率によって決まる。

エネルギーの変換効率と変換出力を熱力学の立場から理解するには、燃料を動力エネルギーに変換するエンジンを考えてみればよい。図10は良質燃料を利用するエンジンの変換効率に対する出力を示す。エンジンを負荷なしで動かせば、エネルギーを消費しても実質的な仕事はしないので、出力も変換効率もゼロとなる。エンジンが停止するまで負荷を増やしていき、ついにエンジンが停止すると、変換効率は一〇〇％に近づくが、出力はゼロとなる。したがって、最大の力が発揮されるのは、おそらくエネルギーの半分が機械力に変換され、半分が廃熱やノイズとして消滅するときである。

最大出力を得るための最適効率は、利用するエネルギーの質によって大きな差がある。生物などの自己管理されるシステムは、エネルギーを実質的な仕事に変換する際、この傾向を基本的に踏襲する。自然界のいたるところで、実質的な目的がないのに、エネルギーの吸収と減少とのあいだには一定のバランスがあり、エネルギー源を極限まで搾り取り、最大効率で変換しようとするのだ。自然界の進化や社会の革新は、ある特定のプロセスまたは状況から最大の力を得るために、エネルギーの減少と変換効率のバランスを調整する役割を果たす。

消費の価値対節約の価値

現代の消費経済と消費文化は、効率と生産性についてのあらゆる議論をよそに、消費そのものを奨励する。これは、負荷なしで稼働してエネルギーを消費し、ほとんど用をなさないエンジンと似ている。

節約の倫理は、天然資源を利用するなら常に最大効率を得るべきだという立場から、歪んだ消費の姿を正すために必要である（原理6「無駄を出すな」参照）。しかしながら、極端な場合、このアプローチはエンスト寸前まで負荷がかかったエンジンに似たところがあり、効率はよいかもしれないが、役に立つとは言えない。人間はもちろん、複雑な生態系に対するこのアプローチの適用には、議論の余地がある。「人間の過剰なまでの『収穫』が環境の危機を招いている。パーマカルチャーなどの持続可能性の概念は、より長期的な利益の追求において、こうした過剰を和らげようとするものだ」と主張する人びとが多いのもうなずける。

この最大出力の法則は、人類社会のもっとも自然で機能的な進化の道筋として、奔放な新自由主義を後押しするかのようにも見える。実際、そう考えるシステム・エネルギー学者もいる。だが、この法則はパーマカルチャーのデザイン原理を現実的かつ全体論的に構想するのに役立つだろう。この法則を自分自身の生活に適用し、実質的な仕事の力を高め、収穫の効率を最大限に高めるシステムを設計するべきである。

最大出力とパーマカルチャーを説明する際、仕事や収穫の有用性が中心的な概念となる。エンジンならば、役に立つ出力は力学的エネルギーである。熱、排ガス、ノイズが役に立たないことは自明だ。しかし、複雑な生物や人間のシステムについては、役に立つものと役に立たないものの区別は簡単ではない。ハワード・オーダムによれば、自己管理システムがうまく機能し、生存のための必要を満たす力を引き続き最大化できるのは、次のような行為をするからである。

①質の高いエネルギーの貯蔵法の開発
②貯えからのフィードバックによる流入の増大

③必要に応じた物質の再資源化
④システムの適合と安定化をはかる制御機構の構築
⑤特別にエネルギーを必要とする場合の、他のシステムとの交換
⑥望ましい状態の維持を助ける周囲の環境システムへの有効な働きかけ

これらを見れば、生存のためには、弱肉強食ではなく、倫理的で協力的な行動も十分に展望できることがわかる。

また、最大出力を示す状態を予測するためには、複雑な生物や人間のシステムの数量的分析が行われる。そうした数量的分析が、パーマカルチャーなどの環境運動に具現化される価値を支持することが多いので、運動に関わる者にとっては励みになる（エメルギー会計についての以下の考察を参照）。その一方で、数量的分析については、次のような疑問がわく場合もある。すなわち、見るからに有益なプロセスやデザインのなかには、必要以上に効率を追求しすぎ、その結果、広い意味で本当に役に立つ結果が得られないのではないかということである（以下のバイオマス燃料、原理5「再生可能な資源やサービスの利用と評価」の太陽電池についての考察を参照）。

3　正のフィードバック

増幅させるシステム

正のフィードバックとは、エネルギーの確保や利用などのプロセスや効果を増幅させるシステムを意味する。

例をあげてみよう。

①森林火災では、草木が予熱され、いっそう燃えやすくなる。極端な場合、火災が起こす激しい上昇気流で酸素が吸い込まれ、火勢がさらに拡大する。

②植物は、太陽光から獲得したエネルギーを利用し、たくさんの葉を茂らせる。その葉がさらに多くのエネルギーを獲得する。

③川床に葦[3]が生えると、流れは緩慢になり、堆積物がたまる。植生の広がりや支流の川床から沼地に至るまで、環境に変化をもたらす。

人間社会では、法律や宗教、そして市場においても、高く評価される成果を生み出した人物が報酬を得るようになっており、(多かれ少なかれ)報酬が励ましになり、さらなる成果を生む。人間がカネを使うということ自体、リンゴ、車、マッサージなどを「もっと作れ、もっと欲しい」という強力な信号を送っていることになる。

エネルギー基盤のしっかりしたシステムでは、正のフィードバックは、無制限に使えるエネルギーを求めてシステムを推すアクセルといえる。一方、負のフィードバックは、使いすぎによるシステムの不足という落とし穴に落ちないようにするブレーキである(原理４「自律とフィードバックの活用」参照)。

主食とエネルギーの純益

産業革命以前の社会では、収穫をもたらすものにエネルギーを注ぎ、手間をかけるのが、一般的だった。農村では通常、大切な恵みをもたらす「主要作物」、すなわち、炭水化物に富む高収量作物[4]を一つ以上栽培した。エネルギー論的には、こうした作物がエネルギーの純収量となる。それらは収量が相対的に高いため、種子の選抜、栽培、防除、貯蔵が労働と技術の中心になり、いっそうの力が注がれていく。主要作物の重要性は、文化や宗教からもよくわかる。たとえば、コロンブスに「発見」される以前のアメリカではトウモロコシが神として崇拝され、産業革命以前の英国ではジョン・バーリーコーンの祭り［大麦と、大麦から作られるビールやウィスキーを奉る祭り］が盛大に祝われた。

主要作物から生活の糧が得られれば、エネルギー的には純益をもたらさない他の資源を利用する余裕も生まれる。たとえば、伝統的なニューギニアの焼畑農業について詳細なエネルギー分析を行ったところ、菜園のエネルギー純益はきわめて高い一方で、養豚はエネルギー的に損失を生んでいた。しかし、豚は貴重なタンパク源であり、重要な社会的役割を果たしていた。もめごとの種にもなったが、生態学的に大切だったのである。重要な機能はそれ自体だけではエネルギー的に採算が合わなくても、ほかの純益で埋め合わせることができる。それは、人間のシステムでも自然のシステムでも、あらゆるレベルで見られる現象だ。

産業化以前の伝統的な社会においては、主要な作物以外はほとんどすべて、里山のような半野生のシステムから手間をかけずに収穫し、空気や水の浄化などのサービスもそうしたシステムから自然に受け取るものだった。薬草、家畜飼料、薪などは、植え付け、施肥、水やりなどの手間をかけなくても、共有地から収穫できた。それらには、エネルギー収量は決して高くないが、エネルギーを投入しなくてすむという利点がある。このような自己を維持するシステムは、取り立てて言うほどのこともない簡単な方法で収穫が得られる、格好の事例だ。同時に、優れたデザインの解決法であるにもかかわらず、非常にうまく機能しているため、それに気づかないという例でもある。

たくましい(自立した)品種を選ぶ

低エネルギーの持続可能なシステムでは、たくましく自立した品種が重要である。各地域に順応し、自己繁殖するたくましい植物を選択すれば、菜園や農場、森林の維持に必要な資源は最小限に抑えられる。これらの品種は、「自立した」品種、あるいは「収穫を得る」のに「適した」品種と考えられがちだ。しかし、痩せた土壌でこれらが施肥に頼らなければならない品種よりも優れているのは、肥料要求量が最少であり、相対的効率がよく、窒素を固定したり、固定された無機養分を供給したりする共生微生物と共存しているからである。

たくましい品種ははびこるのではないかという心配もあるが、菜園や農場、森林の維持管理で頭がいっぱいになれば、非再生可能エネルギーや資源の際限ない投入に頼らないシステムが開発できるはずもない。また、そこそこ生育する品種、そこそこ繁殖する品種ばかり用いていると、もっとも有益な品種が目に入らなくなることがある。広大な農場、放牧地、そして森林の健全な維持には、何をおいても、自己繁殖する植物が欠かせない。

樹木や藪の枝を払わなくてもよいような農場の多くは、衰退しつつある。樹木や藪を焼き払ったり、放牧動物や機械によって不要な樹木が生えてこないようにするのは、植樹よりも簡単だ。こぼれ種から自生した森林は、人工林よりもたくましく、環境にもよく適応したものとなる。オーストラリアのように痩せて乾いた土地では、風よけなどに土着の植物種がうってつけだ。

同じ原理は畜産業にも当てはまる。ヨーロッパでは、集約的な管理システムが、もはや自力では繁殖できない家畜を生み出した。オーストラリアでは胸が非常に大きな七面鳥が生み出されてきたため、雄と雌が自然交配できなくなり、人工授精しなければ繁殖できない。エネルギー下降時代には、他者の世話にならなければ生きていけない植物や動物は、それぞれの条件に適応したものに取って代わられるだろう。

地力を高める

それぞれの条件に合わせて、たくましい品種を利用するのがパーマカルチャーの極意だが、地力を高め、維持し、より有益で高収量の品種を幅広く栽培することも同様に重要だ。適度に湿度があれば（そして、放牧動物がいなければ）、地力を高めなくとも、草木のバイオマスの大量生産は比較的容易である。しかし、限られた面積で人間の食料を栽培するとなると、バランスのとれた高い地力が必要になる。食用作物、とくに一年生作物や野菜はかなりの地力を必要とする。厳選された品種の潜在的な生産力を引き出そうという場合には、なおさらである。地力によって野菜の収穫量が二ケタも違うと聞けば、農の初心者はびっくりするだろう(5)。

たくましい品種を選ぶという戦略と地力を高めるという戦略は、収穫を得るという目的は同じだが、相反するように見える。パーマカルチャーのデザインにおいても、常にダイナミックな緊張関係にある。とはいえ、二つの戦略にそれほど大きな違いはない。

第一に、人間に必要な食料を得るために地力を高めなければならない面積はそれほど大きくない。したがって、菜園や集約的な畑に地力を高める努力を集中し、残りはそれぞれの条件に任せればよい（下巻、三〇〜三五ページ参照）。

第二に、痩せた土地に順応する植物は一般に、ミネラルのバランスがとれていると、地力が高まるほどよく育つ。一方、オーストラリア固有の植物などたくましい植物は肥えた土を嫌うといわれている。それは、①アンバランスな施肥（成木が枯れる場合がある）、②すくすく育つ美味しさに誘引される昆虫による食害、③地力を必要とする品種との直接的競争の場合に当てはまる。

このように、地力を高め、ミネラルバランスを正せば、いろいろな品種の生育が可能にはなるが、高い地力を必要とする(一般的にはより有益な)品種が支配的になるだろう。

園芸の有用性か体裁か

食料などの重要な収穫をもたらす有用植物の提示が『パーマカルチャー・ワン』の中心的な内容だった。それは、ぜいたくな社会において、役に立つものとはいったい何なのかを再考するひとつの例である。観賞園芸や伝統的な景観デザインは、自然と人間を感覚的に結びつけはするものの、資源枯渇の一因であり、工業社会のもつ不調和や非持続可能性を表面的に覆い隠すにすぎない。

メリオドラには、観葉植物の象徴であるバラや整然とした芝生だけでなく、一見しただけでは何ら有益な収穫が得られそうにない在来種もいくつか育っている。訪れてくる人は、それを見ていつもびっくりする。これらの植物は装飾欲の賜物でもなければ、在来種の血統を守るために植えられたものでもない。これらも、一般にパーマカルチャーとして理解される、複雑で実利的な概念を反映している。

『デビッド・ホルムグレン短文集――一九七八~二〇〇〇年』(一七ページ参照)に収録した拙稿『Lawn, Mowing and Mulch(芝刈りとマルチ)』では、パーマカルチャー・デザインにおける芝地と牧草地のバランスについて自らの考え方を示し、『The Role of Native Vegetation in Backyard Permaculture(裏庭のパーマカルチャーにおける在来種植物の役割)』では、自生する在来種植物は実利のない観賞用植物としては人畜無害な部類だろうと述べた。

美しいものを愛でるように、収量や機能を簡単には測れない価値の認識は、いかなるシステムにおいても重要である。ところが、ぜいたくな消費文化のおかげで、人間は機能や効率を忘れてしまう場合がある。たとえば、若い人がアクセルをふかして運転するオートバイや車の騒音は注目を集め、フラストレーションを発散する社会的機能を果たす一種の出力であるといえる。ただし、エネルギー下降時代に、欲求不満のこうした形での解決は長くは続かない。

パーマカルチャー・デザイナーの重点は、食料、安全で安心できる水、住まいなど基本的な人間の需要を満たすことであり、それには資源を必要とする。そうした総合的なデザインの副産物として、環境の改善(たとえば野生動物の生育環境)や社会的機能(たとえばレクリエーション)も視野に入れなければならない。このようにパーマカルチャーが提唱する実利はバランスのとれたものであり、最大出力の原理にもとづいている。その一方で、人間がパンのみでは生きられないことも理解しておかなければならない。パーマカルチャー・デザインの多面的な側面については原理8「分離よりも統合」(下巻)で、デザインにおける美の役割については原理7「デザイン――パターンから詳細へ」(下巻)で詳しく解説する。

食べ物の生産戦略

自分が食べるものの栽培は本章の原理を適切に応用する第一歩だろうが、より重要な点はいかに報酬や収穫を得るかである。食べ物の栽培によって、美を愛でる歓びを得たり、リラックスするかもしれない。自然の働きをよりよく理解できるかもしれない。強い安心感や幸福感を抱き、食べ物を栽培して生計を立てる農業生産者のことをよくわかるようにもなるかもしれない。しかし、収穫物でお腹を満たせることが理屈抜きでありがたいのだ。腹を膨らませてくれる食料を収穫せずに、店で全部買ってくるようであれば、理想的なパーマカルチャー・デザインの菜園も長続きしないだろう。反対に、質量ともに充実した収穫を得られれば、季節的な収穫の変動があったり、目新しさがなくなっても、人間は生きていける。

小さいころから菜園で食べ物を摘み取る楽しみを味あわせてやれば、子どもは人間が自然やその恵みに依存していることを深く直感的に理解して育つだろう。少年期には関心をなくすかもしれないが、幼い時期に親しんでいれば、おとなになってから再び関心をもち、食べ物の栽培に取り組むものだ。

社会的な関係

もし個人の人間関係や地域社会との関係が、強いが移ろいやすい感情的な利益にのみもとづくものならば、現実的で具体的な形で「収穫」を得る実感に乏しく、関係は長く続かず、結びつきも深まらないだろう。反対に、家の維持、車の修理、食べ物を得るなどの実利的なことで家族や友人、親類に頼っていれば、人間関係から生じる問題も解決しやすい。それは、誰もが相互依存の現実を理解する農村社会ではより鮮明に表れる。

本章の原理は、人間の暮らしと幸福の源泉が何であるかを教えてくれる。生死のサイクルとつながる農民にとって、それは自明の理であろう。現代は、複雑さや規模、そして豊かさのおかげで、幸福の源泉が見えにくい。暮らしがよくなるのか、悪くなるのか、また、それが他の人にどんな影響を及ぼすのかも、すっかりわからなくなっている。この点でパーマカルチャーは、何代にもわたって産業化というぜいたくを経験した社会が要求する「癒しのホリスティック」とも表現できる。人間の暮らしを立て直し、自然とともに生き、自然から生かされているということはどんな意味をもつのか。パーマカルチャーは段階をふんで、デザイン・システムとして、その絵空事ではない現実的な理解に導く。

4　タイミングと柔軟性

どんなシステムからであれ、収穫を得るにはタイミングが重大である。自然のシステムのほとんどは、成長、蓄積の段階を経て、豊かさに至る。湿潤な熱帯地域を除き、高温や低温、雨季や乾季といった季節の周期によって、豊かさのパターンが決まる。実りの季節に収穫作業をするように、人間はタイミングを学び直す必要がある。冷涼な地域では秋に余剰があり、春は不足する。この基本的なパターンが年間の食料供給の構成を決定する。

果樹が好条件で育ち、実がたわわになっていたとしよう。すべての実は一～二週間のうちに食べごろとなる。さあ収穫しようと思ったとき、前の週に鳥にほとんど食べられてしまったことに気づく。これはショックな話だ。一方、それほど裕福ではない社会では、他の人間との競争が、しばしばもっと大きな問題になる。

別の次元でみると、週に一度給料をもらい、週に一度の買い物をするという、いわば「点滴」文化は、経済や社会の現実からますます遊離している。終身フルタイム雇用は、しだいに再訓練、請け負いや派遣に取って代わられていく。こうした変化は、安定雇用の提供という社会的責任を不誠実にも反古《ほご》にする企業がいやおうなしに押し付けるものかもしれない。しかし、だからといって、エネルギー下降時代には用済みになるはずの「点滴」文化への依存を断ち切る好機を見逃してはならない。

柔軟に好機を見逃さないのが貧しい人びとの特徴のひとつだったが、どうやらそれは失われてしまったようだ。一九七〇年代に、ホバートに初めてできた女性の駆け込み施設でボランティアをしていた友人の話を思い出す。施設で使おうと、農家からジャガイモを一袋買ったところ、周辺の住民から「ぜいたくだ」という声があがったそうだ。隣人たちの慎ましい倹約観念は、店で買ったインスタントのマッシュポテトを夕食に出せば満足するだろう。福祉施設には、基本的な生活術の欠如を示す、信じられないような話がゴロゴロしているはずだ。貧乏人の処世術を身につけぬ貧乏人ほど不遇な人はいない。

パーマカルチャーは、都市ベースの普通の雇用から、大半は農村ベースで自分が頼りの自営型の仕事に移行するための枠組みを多くの人びとに与えてきた。そこでは、季節、雇用機会、その他の「収入」源の変動が激しいので、きわめて柔軟なデザインが求められる。

各国の農家料理の共通点は、季節に得られる素材を使って、料理法を工夫することだ。自家製の食べ物の恩恵を本当に楽しむには、それが不可欠である。「採れすぎたズッキーニの一〇一通りの使い方」というジョークがある。自然からの収穫の変動を減らす試みも大事だが、このジョークが言わんとすることは、余剰農産物も創造的に利用できれば、収穫をめざす刺激になりうるということだ。

窓やドアなどの中古資材を安く手に入れ、それらをうまく取り入れられるように建築中の家の設計を変更するセルフ・ビルダーがいる。これは、収穫を得るべく柔軟なデザインを採用する好例だ。建築業者は、労働力や資材の使用効率を優先した標準デザインを使い、一軒分の建材を買い込み、驚くほどの低価格で住宅を完成させる。しかし、こうした効率的な経営は、価格保証、納期厳守、規格どおりの部材がたえず供給されるシステムがあって、初めて成り立つものである。

「ジャストインタイム」型の製造戦略によって、在庫資材の削減が進んでいる。これは、自立や柔軟性を犠牲にした、行き過ぎた効率の追求だといえる。

システム学の理論では、「緩慢なシステムほど長続きし、うまく機能する」と言われる。これは、効率よりも柔軟さの重要性を意味する。システム生態学でも、安定した状態は特化した品種に有利であるが、変動が続く場合には、いろいろなエサや生息環境などに適応できる万能家に有利であることがわかっている。特化は柔軟性に目をつぶり、万能家は効率に目をつぶる。たとえば、セルフビルダーは万能家、建築業者はスペシャリストである。パーマカルチャーの戦略や技術は本来万能家の立場のものが多いので、効率はともあれ、柔軟性は高い。

自立は万能家の戦略である。しかし、環境保護を動機として自立的なライフスタイルをめざす場合、資源の利用効率について、ついつい最大出力をはるかに超えるところまで追求しようという罠に陥ることがある。自分自身、この罠に何回もはまったし、他にも同じようなケースを見かける。

野菜や果物を商業的に生産するとき、市場の変動や、労働力や機械（生産物ではない）の利用効率を最大にする必要性から、規格外の生産物は収穫されず、大量に放置される。農場でごみの山を目の当たりにすると、どんなに凝り固まった新自由主義者でもショックを受けるだろう。一方、自家菜園なら、規格はおかまいないしに何でも利用する。ただし、それにも限度はある。その限度を超えると、農産物の有効利用といわれてもむずかしい。ビー玉大のジャガイモを収穫して洗う作業は、一度はするかもしれないが、二度とはやらない。

自分の家の建材を探しに近くの製材所を訪れる人は、たいてい端材をうまく利用する。しかし、手間と時間をかけて天然資源を有効利用するにも限度がある。機能と耐久性に欠けていれば、一見有効に見える端材の利用も間違っている。

効率のバランスは、農村と都会で異なる。豊かな国と貧しい国では、なおさら違う。メリオドラでは、山羊が木の葉や皮を食べた後に枝が山のように残る。世界中で数百万人もが何キロも歩いて集める薪に比べても遜色ないが、少量を炊き付けに使う以外、ほとんどは秋分の日や冬至に燃やしてしまう。

使い捨て社会の廃品が何かに使えるだろうと利用法を探すのが習慣になっている人は、収集の気持ちが先に立ち、必要以上に集めがちである。一生懸命集めた材料も風雨やシロアリによって劣化するし、自分のところに何があり、どこに置いたか覚えられないようであれば、意味がない。思わぬ「拾いもの」をすると、たしかにうれしい。だが、それが有効に活用され、収穫をあげなければ、「拾いもの」にはならない。

5　数字に強くなる

適切な計算法の開発

出納帳をしっかりつけ、経営管理に生かす農業生産者や事業経営者を典型的なパーマカルチャー活動家といえるかどうかはともかく、数字や収支の計算力は重要であり、基本的な観察やデザイン技術を補う（原理1「まず観察、それから相互作用」参照）。数字に強ければ、収穫の手段を導き出すことができ、複雑な問題、新しい状況やシステムにもすぐに対応できる。低エネルギー時代に適応するシステムを構築したければ、これらの技術が重要である。

金銭は価値を測るのに十分な尺度とは言えないかもしれない。だからといって、収支計算自体の価値は下がらない。会計士の友人からこう言われたことがある。「会計士は持続可能性の敵ではない。帳尻の合うような数字が欲しいだけなんだ」。二〇世紀の後半に新自由主義が席巻し、企業会計に「三つの決算」（経済面、社会面、そして環境面）への対応を迫った。環境収支と社会収支の適切な計算法の開発が求められており、エネルギー供給の逼迫につれ、さらに拍車がかかるだろう。

財務収支が環境コストや社会コストを適切に測定できないことが、数量的思考への信頼を損なう一因となった。それは、科学やその基礎となる測定そのものに対する深い不信の現れでもある。数量的思考能力に対する根本的な批判は妥当かもしれない。しかし、問題の本質は、何を測定し、何を測定しないのかである。

投入と収穫を重さや量、あるいは金銭的なコストで記録しておけば、菜園、農場、家庭の管理に役に立つ。記憶を助け、質的な評価を補完し、複雑なシステムの成否を見極めるよりどころとなる。これらの簡単な数量化は、以下で述べる、もっと複雑な環境収支の基本データにもなる。残念ながら、数量化や記録には手間も暇もかかる。だが、学ぶということはコストのかかる過程なのだ。

現代社会は複雑で、エネルギーなどの要素の相互補完がさまざまなレベルで数限りなく行われている。収益があったのかどうか、もしあれば、それはどのくらいだったのかすら、わかりにくい。リサイクル事業や環境汚染規制など、鳴り物入りの環境対策が本当によいものなのかどうかは、きちんとした環境収支や社会収支を見なければわからない。

エコロジカル・フットプリント

取っつきやすく、家庭規模でも利用できる環境収支として着目される方法のひとつに、エコロジカル・フットプリントがある。消費した資源について、誕生から廃棄までに必要な土地の広さに置き換える方法だ。あらゆる環境収支と同様に、地域ないし全国のデータを使い、複雑な関係は単純化して計算する。この方法は数回の改良を経て、国レベル、家庭レベルの環境影響評価の際に広く用いられている。

いまでは、すべての国について数値が出そろった。それによれば、一人の人間を養うのに必要な土地の世界平均は二・九haであるが、実際に使用可能なのは二・二haにすぎない。言い換えれば、人類社会を維持するために自然資本を食いつぶしているのだ。最大は米国の一二・二ha、オーストラリアは八・五haである。

家庭レベルの環境負荷を計算する計算表を用いると、メリオドラでは一人あたり三・一haが必要である。オーストラリア平均の三分の一程度で、豊かな国で貧しさを感じない暮らしができることが確認できた。また、計算表は自分たちからのインプットも可能なため、ライフスタイルや消費パターンにどれだけ敏感に影響されるのかも確認できる。

エメルギー収支

エメルギーは、ハワード・オーダムが一九六〇年代後半に発表したエネルギー会計システムであり、その後、各地の研究者とともに開発が続けられてきた。普遍的なエネルギーの法則にもとづき、エネルギー用図記号［電気用図に使われる記号など］を流用し、自然のシステムを流れるエネルギーを数値化したものだ。多くのエネルギー収支の方法のなかでもっとも包括的で、自然界であれ人間社会であれ、エメルギー研究がはじき出した数値を使えば、パーマカルチャーの原理の発展や適用について数量換算したチェックができるようになった。しかし、複雑で、難解であるため、科学界だけでなく、政策立案の場でも、ほとんど理解されていない。また、私たちの家のような小規模システムについては、エメルギー評価を行うだけの技術や能力を開発するには至っていない。

六四ページでは、エメルギーとエコロジカル・フットプリントによる環境収支をコスタリカを例に比較した（エコロジカル・フットプリントでは、現在の消費量で国家が持続的に支えられるのは一九八七年当時の人口の八〇％であり、エメルギー分析では五三％であることが示された）。この例からも、エメルギー収支のほうがいわゆる持続可能性の真相に迫り、環境を適格に評価するものであることがわかる「エメルギー収支では、エコロジカル・フットプリントなどの環境監査では見落とされるコストも計上されるため、計算結果に違いが出る。たとえば、民主主義や高等教育に含まれるエネルギー・コストは一般的な会計方式では数値化できないが、エメルギー収支であればはじき出すことができる。また、エメルギーにおいては、商品化されていないエネルギー、たとえば、それぞれの場所に降り注ぐ太陽エネルギーも数値化されるため、現状をより正確に把握できる」。

エメルギー収支はエコロジカル・フットプリントよりも環境コストについて厳しい計算結果を突きつける場合もあるが、利益、富と労働の意味を再定義するというプラス面もある。台帳を支出と収入の両側から点検すれば、天然資源の生産的な利用と浪費との違いがよくわかるし、損益が累積しているシステムも見つけ出せる。エメルギー収支は、環境に対する悪影響を最小限に抑えようとするエコロジカル・フットプリントや主流の環境保護運動の観点とは異なり、積極的な発展をめざすパーマカルチャーを補強するものだ。

エメルギー産出比と再生時間

エメルギー収支の一つの応用例がエメルギー産出比である。それは、資源のエメルギー（内在する価値）と、その資源を産出するのに必要な経済活動からもたらされるエメルギーのフィードバックを比較するものだ。その値が一より大きければ、経済活動に対するエメルギーの純益を示す。四を超えるのは高価値供給源であり、現在の経済活動に投入されている資源（非再生可能資源、再生可能資源も含む）のほとんどがこれに該当する。

世界各地に存在するバイオマスエネルギー源のエメルギー値を再生時間（すなわち、作物の生育にかかる時間）と比較して示したのが図11である。一年生作物の産出比はほぼ一だが、プランテーションの植林ではおおむね一・五〜四、樹齢三〇〇年の多雨林では一二だ。

図11　収穫頻度に対するバイオマス燃料のエメルギー産出比

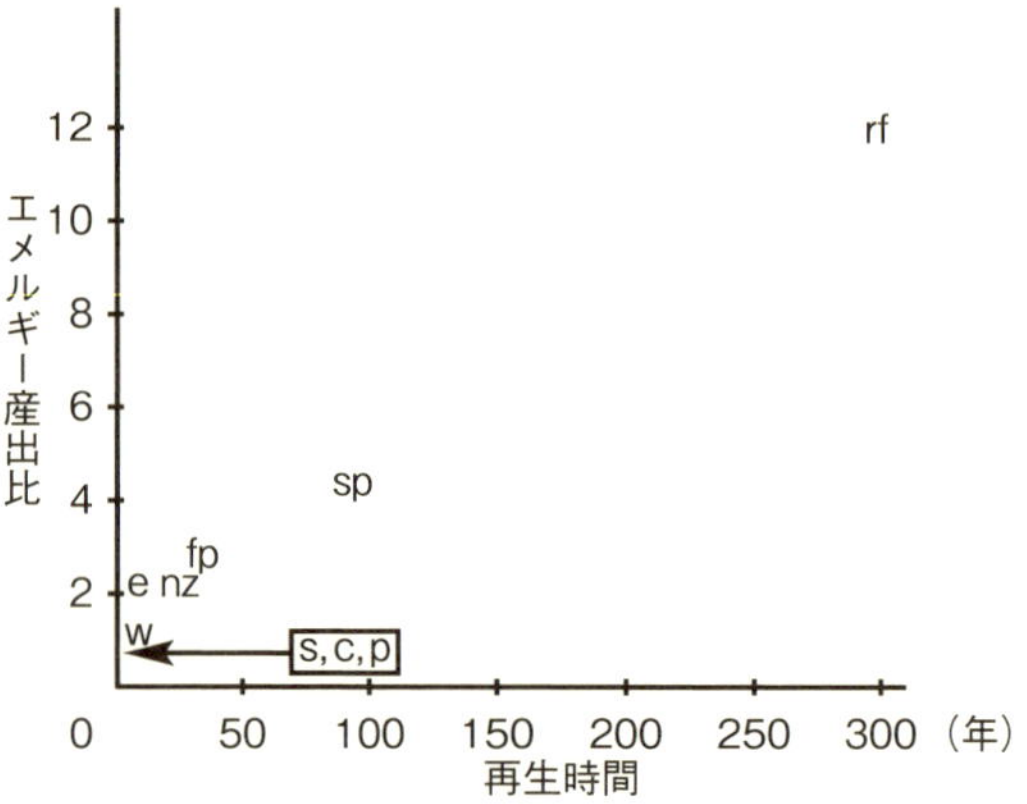

	バイオマス燃料	再生時間（年）	エメルギー産出比
rf	ブラジルの多雨林の樹木	300	12.00
sp	トウヒ	90	4.10
fp	フロリダの松	25	2.40
e	ブラジルのユーカリ	7	2.20
nz	ニュージーランドの松	24	2.10
w	スウェーデンの柳	6	1.34
s	サトウキビ原料のアルコール	1	1.10
c	トウモロコシ	1	1.10
p	バーム油	1	1.06

（出典）ODum, H.T., *Environmental Accounting EMERGY and Environmental Decision Marking Wiley,* 1996.

当然ながら、自然に任せる度合いが大きければ大きいほど、産出比が高くなる。ただし、再生時間は長くなる。新石器時代の農夫から森林経済学者に至るまで、歴史を通じて人間はこの基本的なパターンを理解せず、まるで犬が自分のしっぽを追うように、短期間の輪作で収穫を上げようとしてきた。このように、いかにも生産的で高収量のエネルギー源に見えるものが、実は見返りの薄いものでしかない場合もある。一方で、自然に育つ森林に長期的な投資をすれば、将来の世代は最大級の価値を手にできるだろう。こうした森林から得られるエネルギーを使う社会ができるまでは、肥沃な農地で一年生のバイオマス燃料を集約的に栽培するより、化石燃料を（控えめに）使用するほうが賢明かもしれない[6]。

内包されるエネルギーの収支を単純に計算すると、再生可能なバイオマスは燃料エネルギー源として、一般にはかなり優れているという結果になる。だが、こうした手法をめぐる議論は重要ではない。大切なのは、どの研究からも明らかにされる傾向、すなわち、自然に生み出される成長の遅いバイオマス・エネルギー源のほうが価値が高いという事実をしっかりと認識することだ。

環境影響評価

オーダムが米国フロリダ州の低湿地帯にある発電所が周囲の環境にもたらす影響について行った調査・研究（一九七七年）は、従来の環境保護意識にありがちな問題を浮き彫りにした。電力会社は冷却用水として湿地帯の水を利用していた。環境保護主義者は湿地帯の保護を訴え、発電所にコンクリートと鋼鉄製の冷却塔を建設し、近代化することを要求した。そして、温排水が湿地帯にもたらす影響を調査するように依頼されたのが、湿地生態系の専門家として世界的に有名なオーダムである。

オーダムは温排水によって約七〇haの湿地帯から失われた（太陽エネルギーが吸収されないため）生物生産性を五〇%と見積り、冷却塔の建設に内包されるエネルギーコストがその一〇〇倍にものぼるだろうとはじき出した。この調査を受けて冷却塔の建設は遅れ、結局、国がそれを覆すまで一〇年も待たなければならなかった。エメルギー評価が環境保護主義者からあまり支持されないのは、ひとつには、この出来事が影を落としているのかもしれない。

また、オーダムは、発電所からの温排水がほぼ一定であるならば、沼地の生態系はこの温度エネルギーの増加に順応し、生物生産性は上昇するのではないかとも判断した。これについては、生物多様性の観点(もし、ある種が絶滅したらどうするのか)と政治的な観点(誰が得をし、誰が損をするのか)の両面から批判があってもおかしくなかった。

エメルギー評価は近年さらに進歩し、生物多様性と政治的観点も数値化できるようになっている。それによれば、種の絶滅、とくに絶滅危惧種として知られる種の絶滅は、エメルギー・コストがきわめて高い。政治的問題については、貧しい国の開発計画を調査したところ、得をするのは援助国で、援助される国は損をすることがわかった。もっとも損をするのは、受益者となるはずの地域の住民である。デベロッパーが環境保護主義者と同じようにエメルギー評価を支持しないのも、こうした結果が原因なのかもしれない。

自らすすんで慎ましく暮らす

エメルギー産出比は、あるプロセスの持続可能性について、直接何かを示唆するわけではない。しかし、成果があがるかどうかは数値ですぐにわかる。ゆっくりと発展する低エネルギー社会においては、何がうまくいくのか、時間の経過とともに明らかになり、可能性は常識で直感的に判断できる。エメルギー評価はきわめて複雑で、その意味するところについては議論もあろう。だが、それは私自身が数十年に及ぶ自然観察と慎ましい暮らしから独自に編み出したパーマカルチャーの常識を確認するものだと思う。

本当の貧しさは、選択の余地がなく、社会の標準的消費レベルより自分が低いと考えることから生まれる。自らすすんで選んだ慎ましい暮らしでは、資源の最適な配分が学習できる。パーマカルチャーの万能家になれば、家を建て、野良仕事をし、自立し、自営して、地域社会に関わっていく。どんな資源配分がうまくいくのか、直感的な感覚を磨くチャンスも増える。多額の借入金に頼らず、自らの生産性で有機的に成長する家計と個人事業経済であれば、そのパターンがはっきりとするだろう。このように常に学ぶ姿勢こそ、知識を組み込んで蓄積していく研究・開発プロセスの早道なのである。

ただし、自らすすんで三〇年以上、慎ましく暮らしてきた経験から、いわゆる貧乏人根性には不利な点があることも指摘しておきたい。小規模の自立的なシステムでは、どんなに知識を蓄積しても、（金銭などの）報酬が控えめになりがちなことは最大の矛盾といえる。しかも、そのシステムでは、頭でっかちで不安定なデザインや組織を支える財力やエメルギーが不足してしまう。一方で、同じ技量を利用して複雑なシステムを俯瞰し、現在進行中の拡大から縮小への移行期を特徴づける原動力と落とし穴を掌握することもできる。これは、大規模経済システムにおいて、巨大資本などの資源をより有効な方向に導くために役に立つ。

私は、パーマカルチャーを学んだ仲間たちが、小規模な自営業から大きな組織を指導する比較的給料のよい仕事へ就くのを数多く見てきた。大規模なシステムをより適切で人道的な方向へと導くために、パーマカルチャーの思考と実践がもっとも有効な方法のひとつであるのは、間違いないようだ。

6　成功の落とし穴をどう解決するか

エネルギー下降への移行期には、収穫を得ることが構造的なジレンマにつながる場合もある。もし自己管理システムをつかさどるエネルギーの法則が最大出力であれば、最大量（エメルギー評価によれば最適量）を獲得できるシステムがもっとも優れていることになる。しかし、今後は、非再生可能資源によって大量な収穫を得るというパターンから、再生可能資源を使い、少ないながらも地道に収穫を得る方向へ切り替えていかなければならない。エネルギーの減少に直面して、成功のパターンを変えていかなければならないのだ。個人であれ集団であれ、持続できる範囲に需要を抑えつつ収穫を得続けていくのは、並大抵なことではない。

持続可能社会への移行システムのモデルにおいて、「リバウンド」といわれる現象がある。デザインや行動の変化で省エネや省資源が達成できても、節約した分が別のところですぐに消費されたり投資されて、結局、エネルギーや資源の需要が増大する現象だ。私が初めてこれに気づいたのは、同僚から話を聞いたときである。その同僚は数十年にわたって、省エネ技術を購入したり改修したり組み立てたりして、周囲の人間がエネルギー消費を減らすのを助けてきた。ところが、助けてもらった人間たちは、エコカーに乗り、ますます遠出をするようになったそうだ。彼の妹はパッシブ・ソーラー・ハウスを建てたが、安くなった電力料金やガス料金を利用してヨーロッパ旅行に出かけるという。

小規模な自営業から大きな組織に移る場合にも、同じような構造的ジレンマと落とし穴が潜んでいる。どんなに創造力にあふれ、倫理感に従って行動する人物でも、大きな組織の中では、そのシステムの力に取り込まれ、堕落する。大きな組織のトップよりも小規模な自営業のほうが、全体を見渡して統合性のある行動をとれる。大規模なシステムにおいては、変化の質が影響の量で相殺されるからだ。思考や行動が特定の限定された結果に極端に集中していく場合、しかもその結果が通常の尺度で測られる場合、質の低下はもっとも大きくなる。

高エネルギーから低エネルギーへの転換が迫られるシステムは、破壊と再構築という道に陥りがちだ。その道を避けるには、「パーマカルチャーにおける倫理」の第三の原理で取り上げたこと、つまり、自然の豊かさと限界とのあいだにある明らかな矛盾を思い出せばよい。この地球、そして未来を食いつぶさずに、幸福、健康、安寧を得るためには、人間自身が変わらなければならない。オーダム夫妻は、エネルギー基盤が縮小した経済や社会への移行を「豊潤な下り坂」[7]として捉えようと提唱している。

このような問題には、全体論的な学習のプロセスが循環するように、対応の仕方を全体論的なものに段階的に高めていけば、ある程度まで対処できる（原理1「まず観察、それから相互作用」参照）。ある目標が達成されれば、それとネットワーク関係にあり、緊密なつながりをもつ低エネルギーな代替策に取り組む。それがうまくいけば、リバウンドを経済や社会の手直しに向け、資源の総需要の抑制に取り組むのだ。たとえば、エコカーやエコハウスで節約した金銭は倫理的投資にまわす。あるいは、地元の有機農産物の購入や近隣住民の雇用にまわす。そうすれば、リバウンドのマイナスな影響は少なくなるだろう。

集中的なエネルギーの投入を必要とする大規模システムは、営業のごく一部を失うだけで生産縮小を迫られる。大規模システムから生み出される車やコンピュータなどを購入する際には、中古品を選べば新品への需要を減らせるので、価値も高いことになる（原理4「自律とフィードバックの活用」、原理8「分離よりも統合」（下巻）参照）。

7　依存した消費者から独立した生産者へ

装飾一辺倒でうんざりするようなベッドタウンを、住人の生活を支えられる生産基盤に変えようとするパーマカルチャーの初期の構想は、ほとんど実現しなかった。とはいえ、その構想は「依存して求めるだけの消費者から、独立して責任を負う生産者へ」という、もっと深層からの大きな変化過程のメタモデル［モデルを定義するためのモデル］として捉えられる。

建設的な変化をトップダウンでもたらすには、エネルギーの推移と減少する現状を地球規模で共通認識する必要がある。電子ネットワーク化された現代社会において、それは驚くべき速さで実現できる。パーマカルチャーは、世間一般がエネルギー下降への準備ができているかどうかに関係なく、時代の現状に気づき、理解し、それに実践的かつ総合的にかかわりたい人たちに向いている。

収穫を得るためのデザインの成功と失敗に常に注意を払い、デザインが自分自身、まわりの地域社会、そして地球にとっての最大出力にどれくらい近づいているかを判断することが大切である。そうすれば、補助金なしでは支えられない効率性のまやかしと、自らの消費に対する犯罪的な無関心の両方に対して、対抗できるだろう。

(1) ロトカの最大出力の原理を言い換えたもの。ハワード・オーダムは最大出力の原理（または、少なくとも彼のエネルギーにもとづいたその変形）をもうひとつのエネルギー法則として認識すべきことを示唆した。
(2)『相互扶助論』（P・クロポトキン著、大杉栄訳、同時代社、二〇一二年（増補修訂版））参照。
(3) クリークの支流。
(4) 一般的には穀物ないしイモ類であるが、場合によっては栗やドングリなどの樹木作物も含まれる。
(5) たとえば、ビクトリア州中部の未開墾地の痩せた土壌において、水は十分に与えるが、地力を改善しないで育てた場合、トマトの収穫量は一〇〇グラム未満である。一方、最適な条件下ではこの一〇〇倍（一〇キロ）の果実が収穫できる。
(6) この見通しは、ビクトリア州ソーラーエネルギー会議におけるバイオマス燃料に関する一九八三年の報告書草案に対して私が書いた意見書にもとづいている。ただし、その意見書には返答がないばかりか、受領の連絡もなかった。報告書草案では、ビクトリア州では二〇〇〇年までに、州北部の灌漑農地で栽培される根菜作物によって州が必要とする液体燃料の一〇%がまかなえるだろうと示唆していた。それに対して私は、アルコール燃料作物のエメルギー産出比が低いことを示すニュージーランドの調査にふれ、これまで無視されてきたと思われる生産システム案に関して、一連の環境への影響を示した。

(7) ハワードとエリザベスのオーダム夫妻は最新刊の『A Prosperous Way Down(豊潤な下り方)』で、経済、社会、そして文化におけるエネルギー変化について、エメルギーの概念とその影響を述べている。一般読者に読みやすく、タイムリーな解説書である。私はオーダム夫妻と連絡を取り合ったことは一度もない。本書はオーダム夫妻の本が出版される前にほとんど完成していたが、この二冊は明らかに共通の理解を示している。移行期の現実に対する私たちの戦略の違いは、オーダム夫妻が主流を占める消費者を対象とするトップダウンの文化政策と公共政策の転換に重点をおいていることである。一方パーマカルチャーは、本書で述べるように、社会の傍流におかれることが多かったものの、自然の恵みを享受する節度ある暮らし方を現実的に提示し、独創的な変革の地平を押し広げることに力を注いできた。

原理４

自律とフィードバックの活用

親の因果が子に報い

1　自己抑制と自然の歩み

不適切な成長や行動を自らの力で抑える自己制御という側面について考えてみよう。自然界では、正および負のフィードバックが働いている。その理解を深め、自己制御のよく働くシステムをデザインすれば、軌道修正に投入しなければならない手間が省ける。

フィードバックは、電子工学で一般的に使われる概念である(1)。原理3「収穫せよ」では、貯蔵によってより多くのエネルギーが得られるという、貯蔵に関する正のフィードバックについて述べた。正のフィードバックは、自由に利用できるエネルギーを生み出す加速器とみなすことができる。

反対に、負のフィードバックとは、エネルギーを使いすぎたり、誤った使い方をしたときに、エネルギー不足や供給が不安定にならないようにするブレーキの役目を果たすものである。ひとつの生命体や特定の個体群という小さな枠組み内部の出来事ではなく、その外側のより大きなシステムがもたらす負のフィードバックは、致命的となる場合もある。それを回避するために、生命体は通常、穏やかな負のフィードバックをもたらす自己制御機能を発展させている。

自己の維持と制御は努力目標であり、完全に達成されることはないかもしれない。昔は、外部システムのもたらす負のフィードバックはゆっくり姿を現すと考えられてきた。「親の因果が子に報い」や「来世で業《ごう》の果報を受ける」などと言ったのは、そのためである。一方、現代社会は、日常生活の必需品を大規模なシステムに依存し、遠隔地から手に入れることも当たり前だと考えている。自らの行動に関しては、外からの指図を受けずに、自分で大きな裁量を発揮できると思っている。これはある意味で、すべてを欲しがる、それもいますぐ欲しがる、一〇代の若者と変わらない。

人間の生活が機能不全に陥る大きな要因は、自己制御の必要性が認識されていないからだ。システムの中で自己制御がうまく機能していれば、自分の行動の結果が自分自身に降りかかってくるので、不適切な行動は制御される。ジョン・レノンは「インスタント・カーマ」（即席の業）という曲で、「自分で播いた種は、想像するよりずっと早く、自分で刈らなければならない」と歌っている。現在の人間社会が経験する時代の急速な変化や、グローバル化の進展による相互関係の急激な強化は、レノンの見方を裏付けているかもしれない。

「ガイア仮説」は、地球を自動制御システムが働く一つの生命体と捉える。地球は何億年ものあいだ、恒常的に安定した状態（ホメオスタシス）を保ってきた。ガイア仮説では、それは地球の構成要素である生物体やその下部システムの進化を促すことによって成しとげられてきたと考える。つまり、地球は典型的な自動制御システムなのである。(2)

二〇世紀後半に発展したシステム理論、システム生態学、地球システム科学は、高次の「知能」が、たとえその形式が遺伝継承された生命体の機能よりも厳密さに欠け、偶発的で、よりランダムな流れのもとで発現するとしても、自己を組織するシステムの普遍的な特徴であることを示した。生態系は総体として、その構成員が存続し、健康でいられるような恵みをもたらし、生育できる環境を提供する。食物連鎖のなかで高い位置にある種から発せられる正のフィードバックは、より低い位置の種の発育を促す。たとえば、鳥はベリー類を食べるが、鳥の消化器系は果実の種子を破壊しない。ベリー類の種は遠い地に運ばれ、鳥の糞という質のよい肥料に包まれ、新たに芽を出し、育っていく。また、動物が草を食むことで草地の植物は森林への生態遷移を免れる。

自然が育みを与えるというイメージは、乳児に乳を与える母親のイメージと重なる。乳を吸う乳児は、「収穫せよ」の典型的な例と考えられる。乳児は乳を吸うことで、母乳の流れを刺激する。そのあいだ、母親は乳児が生命を維持するために最低限必要な栄養分（正のフィードバック）を直接的に与えるだけでなく、乳児を保護し、育むための環境を提供する。こうした関係はすべての有機体と地球、また有機体と生態系との関係のなかで見られる現象である。乳児は初め母親に全面的に依存しているが、成長するにつれて自立していき、最終的には自己制御できるようになる。

生命を育む正のフィードバックと同様に、負のフィードバックのメカニズムは、システムのパーツを抑制したりコントロールしたりする。生態系では、天敵や病害虫も特定の種や個体数の管理・制御によって自らを存続させようとする。しかも、生態系全体の健康と機能のバランスをとる働きもしている。生態系のなかの捕食や寄生といった負のフィードバックは、特定の生物種を破壊するのではなく、むしろ制約する。負のフィードバックは自然界のいろいろな場所で目にできる。人間の世界では、親が子どもの振る舞いに対して負のフィードバックを発揮する（長期的には子どもためになると思ってのことであるのが望ましいが）。

より大きなシステムの行う制御とひとつの生命体の自由とのあいだには、緊張がつきものだ。一つひとつの細胞、組織、そして個体群は、可能なかぎり自立的である。小さな単位の自立心が、それらがつくり出す大きなシステムにも恩恵をもたらす。例をあげてみよう。

①一つの細胞が強くなれば、それを包むより大きなシステムも一般的に強くなる。

②外部からのストレスによって、いくつかの細胞が破壊されても、より大きなシステムの復元力は悪影響を受

けない（細胞のデザインに関しては、原理７「デザイン――パターンから詳細へ」（下巻）参照）。

その一方で、生命体内の細胞が制御されずに成長したり増殖する場合、その細胞は生命体にとって致命的な危害を及ぼす場合もある。ガンと呼ばれるものだ。生態系や惑星を含む自然のすべてのレベルにおいて、システム全体の利益のために、大きなシステムは下部システムを制御する。エネルギーの階層という視点で見れば、大きなシステムはエネルギーの流れを制御して、小さなシステムの活動や増殖を抑制する。大きなシステムの制御は荒っぽく、ときには破壊的ですらある。たとえば、自然災害は惑星を制御し、捕食動物や寄生動物の活動が動物数を制御する。

ガイア仮説が世に与えたもっとも大きな衝撃は、母としての地球というイメージに科学的な根拠を与えたことだ。地球は生命の多様性や再生に絶好の環境を維持する一方、バランスを維持しようとして、個々の種や生態系全体に容赦なく無慈悲な扱いをする場合もある。生物学者には、個体レベルを越えた、より高位のシステムがその存続のために個体を制御するという考えに否定的な者が多い。彼らが乗り気でないのはデカルト流の機械的な世界観の反映であり、それは物理学者がとっくの昔に放棄した考え方である。生物学者の気乗りのなさの背景には、おそらく、自然の説明に対して精神的な全体論がまたぞろ出てくることへの恐れがあると思われる。

皮肉なことに、より高位な意思が自然のすべての段階を制御していることを頑として受け入れないのは生命科学である。組織や経営、コンピュータ・サイエンス、システム工学などシステムに関連する学問分野では、概念の説明やモデル化にあたり、生物の世界の比喩的な使用が通例になっている。それらの分野に関わる人びとには、高位システムによる制御という考えを生物学者がいまだに拒んでいる現実は信じがたいであろう。

2　自己制御と三層の利他行動

下部システムは自らが構成員である大きなシステムによる破壊的な制御を避けるため、過度の成長や不適切な行動を制御する自己規制のメカニズムを内部に発達させてきた。たとえば、池の魚や甲殻類は、自らの排泄物が水中に留まることで過度な繁殖が抑えられ、その結果、病気や飢餓による絶滅を防いでいる。カンガルーなどの有袋草食動物は、少なくとも部分的には、胎児の成長を遅らせることによって生息数を調節し、季節的な状況の変化（食糧の減少による病気の蔓延や、天敵による捕食の開始など）に対応している。

伝統的な社会では、社会的・倫理的な制約を課して、人口の増加や資源の過度な使用を避けてきた。そのおかげで、人間社会と文化は環境を破壊せずに長いあいだ繁栄できたのだ。これは人間社会の自己制御の格好な例である。人間社会の自己制御の文化は、資源の搾取や成長のために開発された技術に勝る、人類（ホモ・サピエンス）が達成したもっとも高次の進化だろう。人間社会が来世紀にわたって果たすべき進化は、ゆきすぎた成長と拡張を制御する能力をいかにして適用するか、という文化的な洗練である。

この問題に対するもうひとつの理解は、利用可能なエネルギーを使用する者のあいだでいかに配分するか、という視点である。ハワード・オーダムのいう自然界の「三層の利他行動」によれば、ある生命体が獲得したエネルギーの約三分の一は、代謝をとおした（個体あるいは個体群のための）自らの生命維持のために使われる。そして、三分の一は下部システムの構成要素の存続のために供給され、残り三分の一は、より高位のシステムの制御

図12　獲得したエネルギーの三層の利他行動による配分

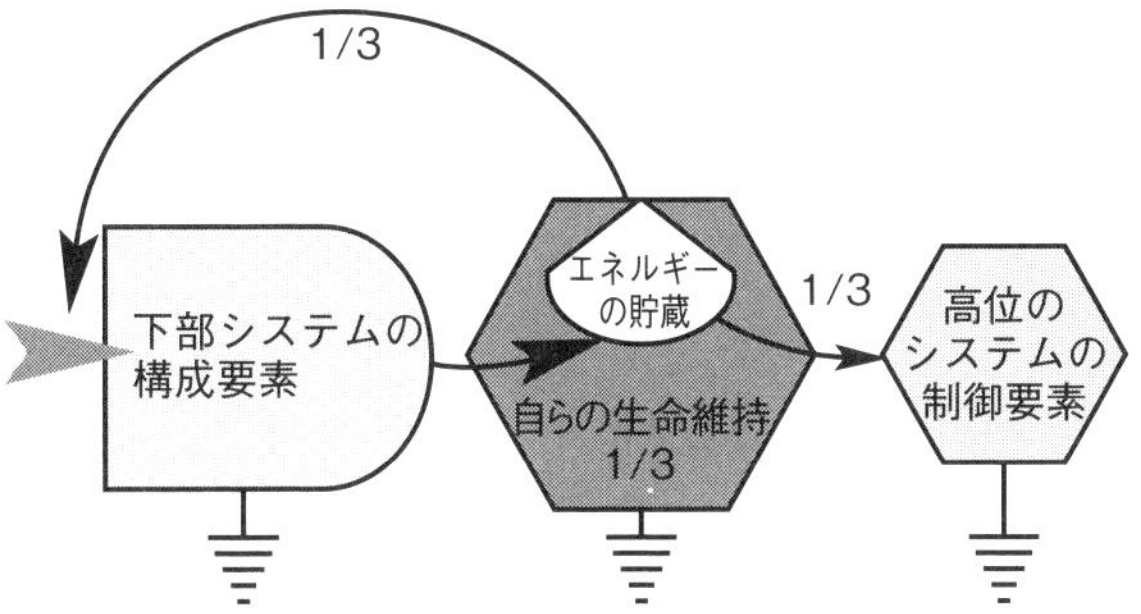

（出典）Odum, H. T., *System Ecorogy*, 1983.

要素にまわる。図12はオーダムのエネルギー回路言語［オーダムはエネルギーの流れを理解し、経済をエコロジーの観点からモデル化するために、電子工学で用いられる電気回路図を用いた。エネルギー・システム言語（ESL）とも呼ばれる］を使ってこれを図式化したものだ。簡単な例として、ウサギの行動を見てみよう。

ウサギは、生きるため、成長するため、繁殖するために、草を食べる。ウサギの糞は、餌となる草に養分を与える。天敵によって捕食されるウサギもいる。これらのフィードバック・メカニズムが機能する結果、ウサギの適切な生息数とバランスが保たれる。たとえば、ウサギが天敵を避けようとして、ほとんどの糞をイバラの下に落としたとしよう。するとウサギは過剰繁殖し、イバラも過剰繁茂して牧草が減少し、ウサギの数はしだいに減少へ向かうだろう。

3　管理されたシステムにおける育み、負のフィードバック、自己制御

家庭菜園などの生産システムをデザインしたり開発するとき、人間は授乳中の母親と似た役割を果たす。

①家庭菜園は当初、人間の世話に完全に依存する。たとえば、新しく植えた若木は周囲を徘徊する動物から保護してやらなければならい。また、雑草の管理、水やり、施肥などの世話も必要だ。

②赤ん坊の目には授乳中の母親が全能に見える。ただし、家庭菜園をデザインしたり管理する人間が、菜園に影響を及ぼす要素をすべて考慮したり、理解しているわけではない。

③デザインが効果的ならば、家庭菜園はしだいに自立していき、手間がかからなくなる。しかし、成長中の子どものように、外部や内部の危険から保護するために、ときどき手を出して世話する必要があるかもしれない。

④初期のデザインや管理が有効で、その基盤が強固になれば、家庭菜園は思春期を経て責任感あるおとなに成長する子どものように、一定程度の自己制御とバランスを発展させるだろう。成人した人間がそうであるように、さまざまに変化する状況やもともと兼ね備える能力によって、家庭菜園は独自の変化をとげ、人間が設計したときには想定しなかった特徴をもつようになるだろう。

自然を管理するシステムにおいてはどこでも当てはまることだが、とくに大規模なシステムでは、動植物の成長や繁殖の確保よりも、過剰で不適切な成長や繁殖の防止が作業の重点になる。たとえば、森林を間伐したり、ヤギを使って草地の雑草を管理するのは、システム内のバランスを保つための負のフィードバックである。家庭菜園の作業のほとんどは、植えることではなく、好ましくない成長の防止や除去である。

原理３「収穫せよ」に示したように、たくましい、自己繁殖する野生の種を利用すれば、手間をかけなくても植物は成長し、繁殖する。知恵や労力は、ありあまる繁殖の収穫や制御に注げばよい。

たとえ収穫が得られないとしても、その経験は原理１「まず観察、それから相互作用」で述べたように、有用となる。システムや戦略が原則として正しければ、努力や資源のさらなる投入によって、最終的に結果が出るだろう。しかし、それは（草刈りのような）作業を増やしたり、（水のような）資源を多く使えばよいということではない。失敗からは行動の間違いがわかるものだ。たとえば、収穫期に食べる分だけ収穫し、それ以外の季節は購入する暮らしをしていれば、自分の収穫物が貯蔵できるのかどうかもわからないだろう。また、せっかく育てたかぼちゃやニンニクが腐っていくのを見るのは、非常に残念だろう。そうした失敗は土壌のミネラル分などの微妙なアンバランスを表しており、それまでのやり方を修正するチャンスだ。

収穫を得る方法によっては、長期的な問題を引き起こす場合もある。それに対応する方法があれば、修正したり調節したりして、より効率的で安定的なシステムにできる。たとえば、薪を得る目的で植林をしなければ、薪を浪費しても、浪費だとわからない。金を出して薪を買っていれば、どれだけの森林が暖房のための薪に必要なのか、思いもよらないものだ。現代人はスイッチを入れるだけで暖を得られる。しかし、熱を得るためにかかる真のコストを知らなければ、自分の行動のもたらす地球温暖化などへの影響は、抽象的で、かつ遠い国の出来事に思えるだろう。

電気、水、収入などを遠方から入手する典型的な現代の都市型ライフスタイルを送っていれば、水や安寧や静寂、隣近所の人びとの助けなどの共有資源が、許容しがたい方法で悪用されたり搾取されたりしても、なかなかそれに気づかない。現代社会では、市場や法律が負のフィードバックを送る主要なメカニズムである。だが、これらでは社会や環境問題に適切かつ有効に対処できない場合が多い。規模の小さいコミュニティ、とくに農村のコミュニティにはより親密な社会メカニズムが存在していて、共有資源を収穫する適切な時期や量について示してくれるものだ。

たとえば、小さな集水域の上流に溜め池をいくつも造れば、近隣の農民のあいだに対立が生まれる可能性がある。しかし、パブや消防団やスポーツクラブへの参加をとおして日常的なコミュニケーションがあれば、少なくともお互いの考え方は理解される。自分や地元で調達できる資源を増やしていけば、問題を認識し、対処するために行動を起こす可能性が高くなる。

システム内部で関係が自然に発展し、共進化していく過程は、エネルギーの三層配分の概念を使って理解できる。また、システムを意識的にデザインするときの指針としても利用できる。エネルギーの三層配分の概念は、個人や家庭、あるいは組織における資源配分の有用な指針となるだろう。

最優先するのは、(獲得したエネルギーから収穫を得て)自分自身が生き残るということだ。次に、これからのフローを維持するために必要な代償を払う。そして第三に、自らの生き残りだけを最終目標とするのではなく、より大きなシステムに対し、さまざまな方法や方向性で貢献することだ。

自分自身や家族のために庭で作物を育てるときも、いろいろな作業という形で「支払い」をしている。植え付け、雑草の管理、水やり、肥培管理などは、将来の収穫を確保するための作業である。自宅で消費しきれない食べ物や種は、親交を深めたり、困っている人を助けたり、種子保存ネットワークの維持にも利用できる。

家庭菜園などの食料生産システムをデザインするとき、この原理を応用して、できるだけ自分で面倒をみられる動植物を選べば、日常的に外部から資源を持ち込まなくてすむ。浅く根を張る植物よりも、土壌の深い部分にある水分に近づくことのできる深根性の植物を選ぶのは、その一例だ。

深根性の植物は底土層を開墾するので、雨が土壌に浸透しやすくなり、保水性も高まる。その植物が人間や家畜の食用になれば、制御とバランスを達成するので、しかも自律につながるので、一挙両得だ。たとえば、粘土質の湿地に育つギシギシ(タデ科の多年草)は山羊の餌になる。大根ならば、人間の食べ物だ。こうした深根性の植物は土壌へエネルギーをもたらす。高位システムにおける制御要素（動物や人間）に産出物を提供することで、それらの生命の維持を助けると同時に、植物自身にも好ましい環境をつくり出すのである。

現代人は会社に勤めたり、投資などによって「生計を立て」ている。彼らは生産者や供給者にとって直接有用な資源を持たないから、モノとサービスを得る代価をカネで支払う。また、自分たちの依存する社会が引き続き機能することを保証するため、稼いだカネの一部を税金として支払う。これらはすべてオーダムの「三層の利他行動」が適用されている例である。現代の経済は、その複雑さにもかかわらず、重要な問題について人間が適切な行動をとるために不可欠なフィードバック信号を発していない。例をあげてみよう。

適切な消費の規模とは？（ウサギはどれだけ食べたら、食べるのを止めるか？　人間の住居はどれだけの大きさが必要なのか？）

適切な仕事の量とは？（庭先の畑で何品目の野菜を生産すべきか？　人間は何時間働くべきなのか？）

人間はどのような形で対価を支払い、どのようにしてそれを測るべきか？（実際の価格はいくらであるべきか？　市場は真の価値に関する情報を提供しているか？）

人間はより大きなものに対してどんな貢献をすべきか？（納付された税はコミュニティのために使われているのか？　それは有効で、十分なのか？　そうでないとしたら、ほかに何をすべきか？）

伝統的・制度的機能の多くが崩れていき、しかも現在の社会と経済構造は適切で確実なフィードバックを発したり、指針を与えてくれない。だから、これらの重要な問題への答えは、一人ひとりが考えなければならない。たとえば、三分の一の時間を自分自身の生活必需品を得るために使い、三分の一を自己の発展と反省に費やし、残りを社会のために充当することも一案である。

図13　生態系および伝統的社会に見られる栄養ピラミッド

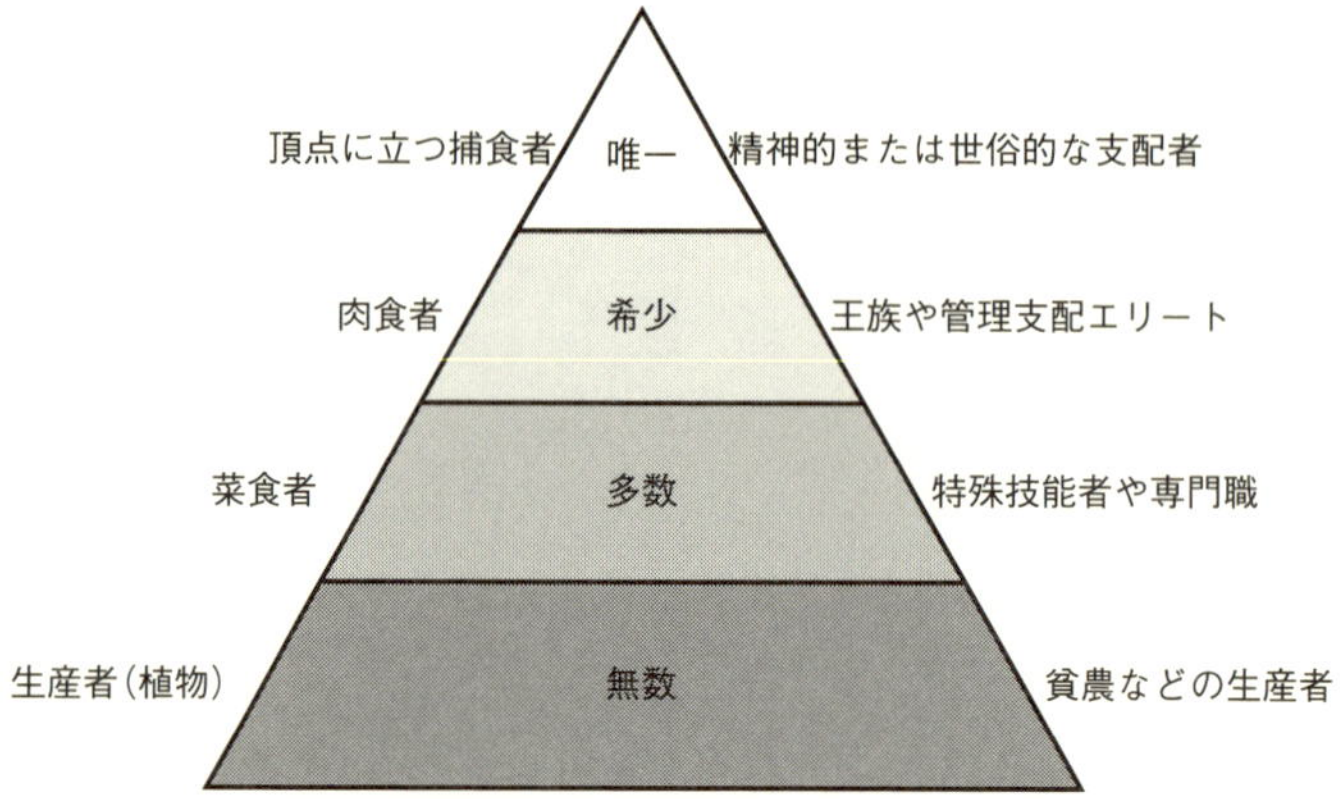

4　エネルギーの階層と権力の偏在

自然界と前近代の低エネルギー社会における三層の利他行動は、図7（九八ページ）に示したような階層構造で説明できる。エネルギー連鎖の出発点に位置する者（生産者）は多数だが、力は小さい。一方、連鎖の最後に位置する者は少数だが、大きな力をもつ。図13に示した栄養（食物）ピラミッドは、これらの関係を別の形で説明したものだ。ピラミッドの各階層はそれぞれ、下の階層に依存して成り立っている。すべての階層は機能的で補完的である。重要さに差はないが、低位の階層に属する個々の生物や人間（グループ全体ではない）は、高位の層にいる者に比べて、影響力や力が弱い。

「チーフはたくさんいるが、インディアンの数が足らない」という頭でっかちを表す表現は、この昔ながらの組織構造のバランスが崩れた状態を示している。産業化社会ではエネルギーやぜいたくさのおかげで、バランスは壮大な規模で崩れている。それを支えるのはエネルギー奴隷[3]（と、貧しい国々のほとんど奴隷に近いたくさんの人間）の存在だ。成長の時代から下降の時代への移行に際して、地元のエネルギー事情に即し、しかも社会的な公正にかなう形で、栄養ピラミッドを再建しなければならない。

図14の上は産業革命以前の社会におけるエネルギー階層の概念図だ。左には無数の生産者がおり、右にいくほど消費者の数が減っていく。これに比べて現代社会では、中流の消費者が大幅に増加し、肉体労働者層はエリート層とほぼ同じくらいにまで縮小した（図14の下）。現代人は、このような「標準分布曲線」が自然な社会構造だと思うようになっている。だが、自然界や歴史を見れば、それがきわめて最近の産物であることがわかる。中流層を突出させたのは、化石燃料エネルギーの使用である。

図14　産業革命以前の社会と現代社会におけるエネルギー階層

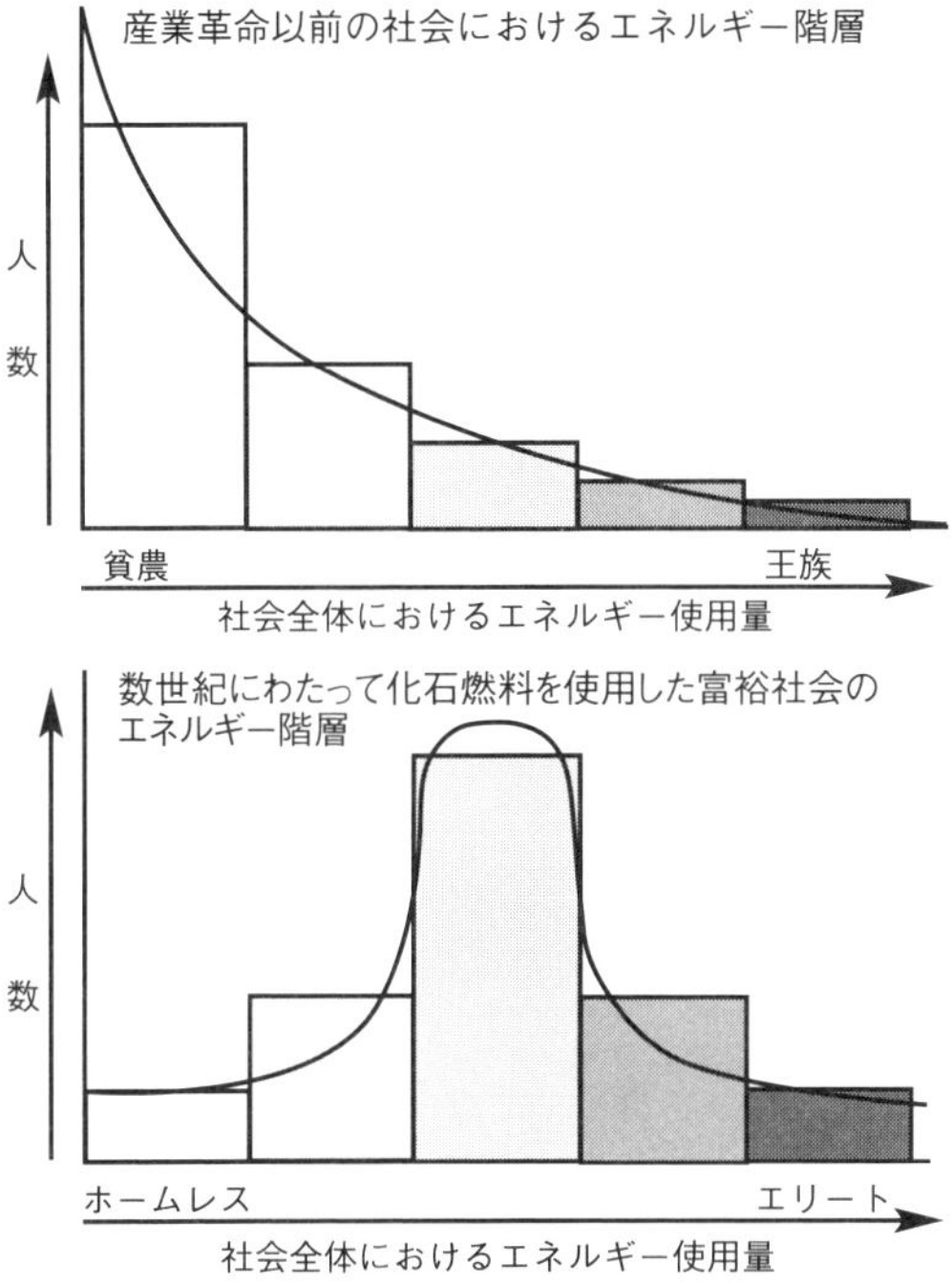

近代国民国家の統計には法律や文化、歴史が反映されるかもしれないが、現実の経済と生態系は地球規模だ。地球全体にならせば、貧しい国々で農業や工業に従事する労働者の数が富裕国の一〇億人程度の中流の消費者をはるかに上回り、それらの突出も目立たなくなる。貧富の差の地球規模の加速は、低エネルギーの伝統社会に比べて富と権力の分配の偏在を示している[4]。伝統的に、エリートは社会に長期的な恩恵をもたらす制御と指針を提供する役割を担った[5]。しかし、富と権力の過剰な集中は、そ

れが果たされていないことを意味している。

歴史上で何度も繰り返されてきた問題は、エリートが社会生態系は自分の利益のためだけに存在すると信じ出すことだ。そのうえ、エリートはより高い次元にある神や自然といった力の存在を認めなくなり、システムを健全で適切な状態に維持するフィードバックが滞るようになり、結局は制御機能が作動しなくなってしまう。社会の最高位で自己制御と三層の利他行動が崩壊すると、すべての社会階層に波及する傾向が強い。最終的にはシステムそのものに腐敗が広がり、故障してしまい、何らかの改革が必要になるだろう。

ヨーロッパの啓蒙運動以来、社会民主主義やマルクス主義などのイデオロギーは、エリートに関するこの問題を解決すべく努力してきた。だが、効果的な指針や叡智が腐敗なしに達成されたケースは、歴史的にほとんどない。それは、おそらく、高品質なエネルギーの豊富な供給に応じて非常にたくさんの社会階層がつくり出されたからである。しかも、すべての階層は、単純で間違いを起こしやすい人間で占められている。人間は、最高位につくだけの十分な知恵を持ち合わせてはいない。「権力は腐敗し、絶対権力は必ず腐敗する」という警句は、それを言い表している。

上位階層の人びとの問題は、ある個人が絶対権力を行使するというようなものではない。個人の行動はその階層の他者との社会ネットワークによって制約されるからである。その階層に属する人びとはすべて、その階層の強化を自明の目的とした共同体として機能する。この階層は、自分のコミュニティの外へ足を踏み出すことがないという意味で偏狭ではあるが、地球規模な人間の集まりである。彼らは低い階層の人びとから隔絶され、自らの行動が与える影響を知ることはない。

高エネルギー社会ではたくさんの社会階層が生まれ、その後、低エネルギーをベースとする社会へと戻っていく。このことがわかれば、エリートが腐敗せずにその機能や役割を果たせる、より水平的な社会構造を形成できる可能性がある。

栄養ピラミッドやエネルギー階層は、これまで大切にされてきた公平な社会という考え方とは相容れないかもしれない。しかし、生態学的な「ルール」をより幅広く考慮すれば、人道的で公正な方法で低エネルギー社会へ移行できる可能性はずっと大きくなる。こうした認識が富裕国で広がらなければ、栄養ピラミッドの再建はかなり非人道的なプロセスに陥るだろう。

今日の経済・社会的な圧力のもとで、中流階級の膨らみはすでに減り出し、(少なくとも当分のあいだは)金持ちと貧困層が増えていく。経済学、より正確には新自由主義経済が注目されるのは、ある意味で、もはや消費だけでは生活できず、より「生産的」になる必要があるということを、人間が意識的に認め始めているからだろう。とはいえ、残念ながら、経済学における「生産性」の測定は絶望的に不適当であるか、まったく間違っているかのどちらかで、生態系を破壊する行動を高く評価する点では非合理的ですらある。より深遠で幅広い「生産性」の概念が必要である。

豊かさの「甘い汁」に慣れきった人びとを経済の力で引きずり落とすのではなく、自然と謙虚につきあうというライフスタイルや暮らしに生きがいを見出し、価値観を変えていかなければならない。言い換えれば、社会はますます自然に依存せざるをえないと根本から認める文化革命が必要なのである。将来の低エネルギーで持続可能な社会では、構成員すべてを養うために必要な食べ物などの資源を得るために、再び、ほとんどの人間が自然と協働しなければならなくなる。パーマカルチャーは、生態学合理主義とみなせるかもしれない。パーマカルチャーはエネルギー下降時代のデザイン原則や価値の測り方を認識し、倫理的・肯定的な道筋を示すものだ。

5 社会変革のためのトップダウン型戦略とボトムアップ型戦略

社会変革の戦略はしばしば、トップダウン型とボトムアップ型に大きく分類される。トップダウン型戦略は、政策決定者へのロビー活動からメディアへの働きかけ、そして革命まで、広い範囲に及ぶ。ある戦略がボトムアップなのかトップダウンなのかは、見方によっても違ってくる。広い範囲での環境運動はしばしば草の根のボトムアップ型戦略と捉えられるが、実際にはほとんどの場合、政府や役所、企業やメディアの行動を変革させようとする活動である。より根本的なボトムアップ型戦略とは、自分自身から始まり、例を示し、他の人がそれを真似することによって発展し、大規模な変革へと進んでいくものを指す。

パーマカルチャーはトップダウン式の環境運動と補完的な関係にあるものの、政府に政策の変更を求めるロビイングが目的ではない。個人や家庭、そして地域社会が自立と自己制御を培っていくことが目的だ。生産と消費の循環を減速し、再調整しようとするプロセスこそが、環境への負荷総量を減らし、社会変革を引き起こすもっとも有力な方法である。社会のある程度の人びとは、可能かつ重要と判断すれば、自分の行動を自ら進んで大きく変える準備があり、(もっとも重要なことだが)その能力がある。社会や環境に関心をもち、そのために立ち上がろうとする人びとの数は少ないかもしれないが、大きな変化をもたらす原動力となるだろう。

原理１「まず観察、それから相互作用」で、庭であれコミュニティであれ、パーマカルチャー的な行動の基礎はボトムアップ型の協力的な行動にあると述べた。また、そうした行動は、トップダウン型と呼んでさしつかえないような全体的で構造的な理解にもとづいているとも述べた。

したがって、「トップダウンな考え方、ボトムアップな行動」とは、環境運動で唱えられる「地球規模で考え、地元で行動する（Think Globally, Act Locally）」というスローガンのシステム学の言葉による言い換えである。パーマカルチャーにおけるこの行動形態の理論的根拠は、歴史に見ることができる。それは、伝統的社会、産業社会、脱産業化社会をトップダウンに構造的に捉えてみればよくわかる。図15は、それを先に示した栄養ピラミッドを使って図式化したものだ。

還元主義的な科学が登場する以前の伝統的社会では、教養のあるエリート（王族、聖職者、学者）が、社会に関する総合的な知識を独占して権力を正当化したという点で、非常にトップダウン型であった。階層のより低い人びとも、家長などのように、自分の土地や家族を統括するために全体論的な「家」の論理を持ち出していたと考えられる。しかし、一般の人びとは、概して自然と社会について、はるかに断片的にしか理解していなかった。このように伝統的な社会や自然界には、一方で強力なトップダウンな考え方とエリートの行動があり、その対極に断片的な理解のもとに起こされる大衆のボトムアップな行動がある。そして、両者がバランスをとっていた。

啓蒙運動に続いて還元主義的な科学がヨーロッパで勢力を増すにつれ、エリートは小さな部分的な事柄を分析して、より大規模な行動を予測し、制御する方向に傾斜していく。これは、市場という新しい概念によく当てはまった。市場とは、小さな個人の利己的な行動が結集した結果であり、それが集合的に理解可能な形で動的な力をもつと理解されている。[6] 還元主義的な理解はボトムアップ型と考えられる。そこでは、物質、組織、社会などの大規模なシステムを説明し、予測するために、原子、細胞、個人など小さな断片の特徴を集合的に捉えるという方法で世界観が形づくられている。一九世紀や二〇世紀の初期にはこうした理解が支配的であり、その時代の

図 15　伝統的社会・産業社会・脱産業化社会の理解と行動を栄養ピラミッドで表現する

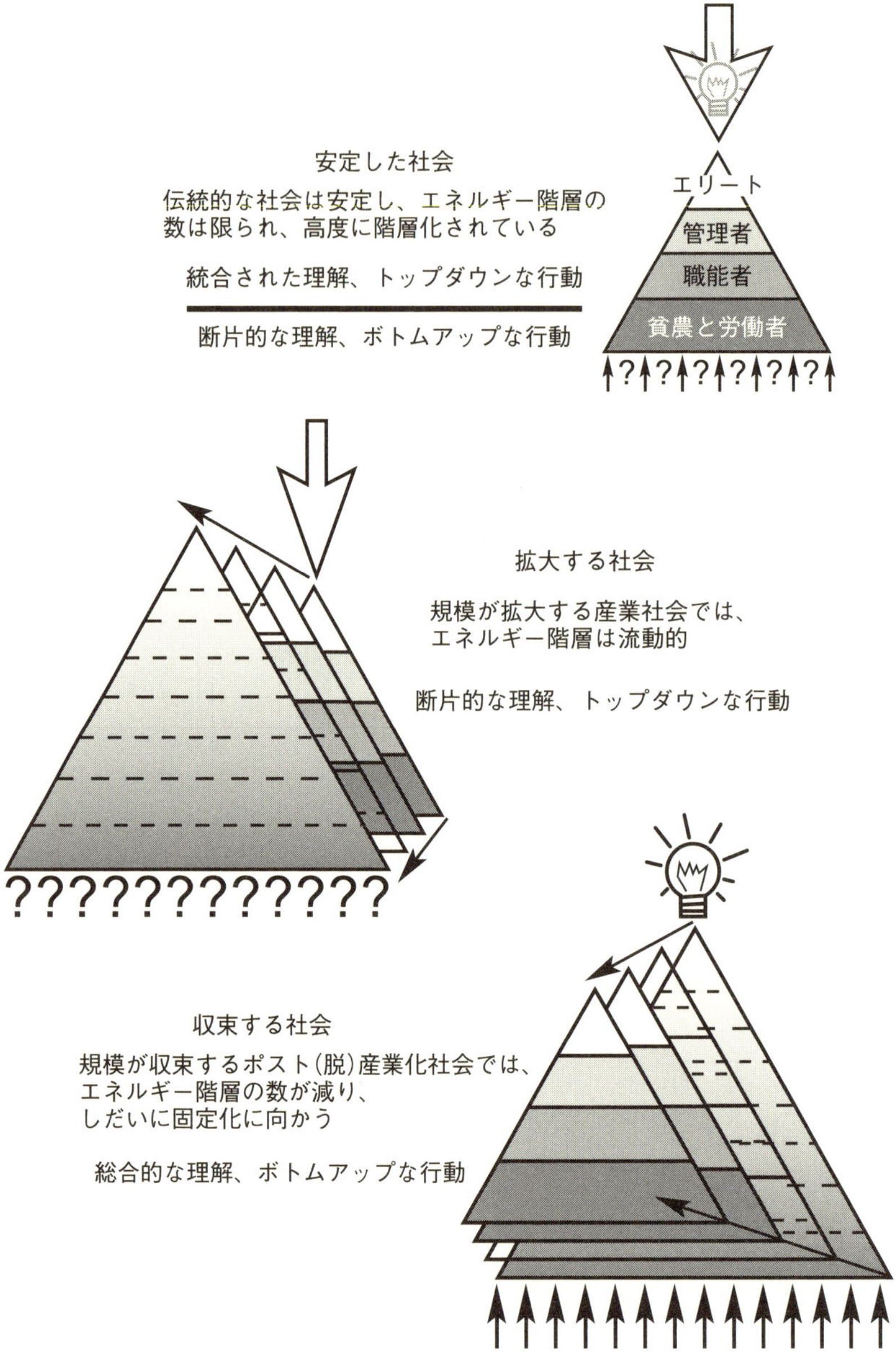

エリートの行動は「ボトムアップな思考によるトップダウン的行動」と特徴づけられる。

当時のエリートにはまだ権力があったが、行動の基礎は科学者や技術者から仕入れた還元主義的な知識の受け売りだった。しだいに、エリートは自分たちと同じ思考や行動様式を用いる民主化への勢いにより、動きを抑えられるようになる。やがて、こうした思考や行動様式は中流階級の大衆にとっての規範となっていく。学校や職場、家庭でも、事実に関する大量の知識にもとづいて物ごとを理解するようになる。だが、これらの知識はシステムとして統括的に捉えられたり概観されることはほとんどなく、断片的に、異なる知的領域や生活の局面に散在するのみだ。大衆は協働や参加型のプロセスを避け、トップダウン型の管理に身を委ねがちだ。

しかし、企業や政府などの大規模で複雑なシステムはもとより、一国の経済、グローバルな経済を理解し、予測するのに、還元主義の論理やそれにもとづく理解では限界があることをエリート自身、気づき始めている。時代は専門的領域しかわからない専門家ではなく、全体的に物ごとを把握できる万能タイプを求めるようになってきた。トップダウン型の思考を習得すれば、当然、適用可能な場で使おうとするだろう。ところが、企業や政府、地域社会でトップダウン型の思考をトップダウンで実践しても、効果は限られており、ほとんどは逆効果になる。

地球規模のエネルギー生産が頭打ちになろうとするポストモダンな社会において、「トップダウンな思考、ボトムアップな行動」がもっとも効果的で、もっとも強力だろう。これは、企業や家庭菜園の経営だけでなく、自分の生命地域(バイオリージョン)を地球の中に位置づけるときにも、個人として地域社会との関わりを考えるときにも、当てはまる。

この新しい思考と行動様式をグローバル社会のエリートたちが理解し始めたことを示す証拠はたくさんある。

彼らにも、形式的で管理的な権力をあからさまに行使するよりも、形式張らない協力的な思考や行動をとるほうが、民主的な手続きや行政手続きの煩わしさを逃れられることがわかるからだ。自分たちも世界的なエネルギー生産のピークを経験する人間社会の一部にすぎないと気づけば、脅したり残酷な武力を使うよりも、協力的で小さな権力の行使のほうがより効果的であると権力者も気づき、自分自身のエゴを乗り越えていくだろう。

ただし、こうした思考と行動の革命が社会階層の頂点にどれほど浸透していくのかは、まだわからない。

6 自己責任

自分自身を変えることで世界が変わる

「自分自身を変えることで世界が変わる」という言葉は、よりよい世界をつくり出すための精神的・内部志向的なアプローチと捉えられる。しかし、これは、パーマカルチャーのような科学的客観性にルーツをもつ外向的な概念でもある。

パーマカルチャーで自己責任が強調されるのは、エネルギー下降社会のデザインに欠かせない多くの事柄が、おもに個人の行動と振る舞いに影響されるという倫理的な原理にもとづいているからだ。団体やビジネスの倫理に関していろいろ言われているが、道徳的なことを直接考えたり、その影響を受けるのは、個々の人間のみである。それぞれのニーズについて個人が責任をとり、行動の結果を受容することをとおして、人間は持続可能でないモノやサービスに依存する消費者から、適切な富と価値を生み出す責任ある生産者へと変化できる。個人は地域や地球規模の環境や社会に依存し、影響を与える。自己責任とは、それに対して十分な理解をもつことである。だから、個人が自分自身を変えることが、よりよい世界を実現するために人間ができる最大の貢献になる。

こうしたアプローチは政治的にナイーブで非現実的であると考えたり、あるいはもっと単純に、緩慢とみなす環境運動家が多い。だが、パーマカルチャーの強調する自己責任の大切さは、政治的にも歴史的にも生態学的にも証明されている。

個人的な富と力

高エネルギー消費にもとづく現代社会において、とくに富裕国の人びとは、これまでになく、おそらくこれからもないほどの大きな力と影響力を、自然や社会に対してもっている。富裕国の人間は、エネルギー奴隷一〇〇人に相当する資源を消費していると推定される。貧しい国の人びとでさえ、エネルギー奴隷数人分にあたる資源を費やす場合が多い(7)。米国（サウジアラビアに次ぐ世界第二の埋蔵量を有する産油国）は在来型石油の半分以上を、第二次世界大戦後から一九五〇年代に生まれたベビーブーマーの多くが一生を終える二〇二五年までに消費してしまうだろう。

経済や政治の焦点が、同世代の個人やグループの相対的な力関係に集まるのは自然である。そのため、人間は自分と同世代の人とを比較しがちで、将来の世代に関しては抽象的で曖昧な関心しかもたない。また、成長の文化のもとでは、将来の世代は現在の自分たちよりもより大きな力をもつと思い込む。だが、急速なエネルギー下降の現実は、現代社会の個人の行動が将来の社会全体がとる行動よりも大きな影響力をもつかもしれないことを意味している。

現代人のもつ力はほとんどの場合、貨幣経済のなかで購買行動を通じて行使される。したがって、地球を破壊に導く原動力は、少数のエリートや、ほぼ自足しているがますます困窮化する大多数の人びとではなく、世界で一〇億人ほどの中流階級である。近代社会における個人主義の台頭のおかげで、ほとんどは表面的に終わっているとはいえ、ライフスタイルの選択に対する個人の表現や行動が可能になった。個人の力が大きくなったために、ボトムアップ型の変化にとってはユニークな好機が訪れたのである。

制度の衰退と組織的な転換

自己責任が重要な第二の理由は、教会、議会制民主主義、法律などの文化的制度のほとんどが比較的もろく、退廃的であるからだ。制度は通常、強固だが、保守的である。それゆえ、文化の衰退や、根本的な変化を求める力やスピードについていけず、しばしば適応できない。そのとき、新しい時代の文化に制度を適応させ、新時代にふさわしい制度を出現させるために重要な役割を果たすのは、個人であり、小さな集団である。アメリカの歴史家ウィリアム・アーウィン・トンプソンは、過去の歴史に照らして、個人や小さな集団に主導された社会変革の可能性が今日もあることを認めている。

たとえば、ピタゴラスは衰退しつつあるエジプトの神学の魔術学派から秘伝や難解な知識を授けられ、イタリア南部に世界初の大学を設立し、数学と科学を教えた。ピタゴラスの弟子たちは、地元の政争を避けてギリシャに移住する。ギリシャは、西洋文明の起源として認識されるギリシャ文化が花開いた場所である。カウンター・カルチャー運動に哲学的な基盤を与えたトンプソンが主宰するリンディスファーン研究所の名称は、教会が橋頭堡を築くよりずっと以前に、ブリテン諸島すべてをキリスト教に改宗させた修道士たちにちなんでいる。

多国籍企業のような地球規模で巨大な力をもつ組織は、比較的新しい。にもかかわらず、頑強で永続的であると思い込む傾向が現代人にはある。実は、巨大企業の平均寿命は人間の平均寿命よりも短いのだ。現代人は、いま世界で支配的な力を振るうほとんどの制度や組織より長生きするだろう。

直接的なフィードバックの欠如

自己責任が必要とされる第三の理由は、それが負（または正）のフィードバック・メカニズムを再建する最速の方法だからだ。グローバル化の恩恵は豊かな国と都市部に蓄積し、その代償である社会や環境への悪影響は貧しい国と自然や文化の後背地に蓄積する。現代人は、自分自身が下す決定や行動の結果に終始直面する必要がない。そのため、伝統的社会で見られたような、不適切な行動を防止したり改善したりする負のフィードバックや自己制御のメカニズムが働かない。

現代社会では、メディアや情報システムが大きな力をもつと言われている。それでも、人間はかなりの程度、物事を直接見て、聞き、触ることのできる世界に生きている。一方で、食べ物などの生活必需品のほとんどすべてが自分の五感が及ばない場所から運ばれてくる。これは、人間が依存度や影響力について、より意識的で明確な関心をもたねばならないことを意味している。自分の生活の因果関係の輪を狭め、必要とするモノやサービスをできるだけ近くから得るような、生活の再編成が迫られているのだ。

すでに説明したように、「地球規模で考え、地元で行動する」というスローガンには、単に地元で行われる不適切な開発への反対が地球を救うことになるという以上の意味がある。このスローガンは、全体を知り、そして全体と自分の関係を知ることの重要性を意味している。それは、自分の行為が身近に影響するように生活を再編しなければならないということだ。現実的には、自立と自己制御を得るためには、身近な環境に起こるより大きな影響を受け入れなければならないかもしれない。

たとえば、自らの敷地内の樹木の伐採は一般的に、自分たちが(失敗をした際の負のフィードバックも含めて)プロセスを管理できるので、市場で材木を買うよりも環境には好ましい。海外から自分の影響力が及ばないシステムを通じて材木を購入するよりも、地元の森林から切り出されたものならば、複雑な問題も理解でき、材木の供給業者や森林の管理者に対して影響力を行使する機会もある。

エイモリー・B・ロビンスは、フィードバックを工業デザイン革命の基本原則のひとつに掲げ、汚染をなくすために、排水口よりも下流に取水口を設けた工場の例をあげている。ロビンスがフィードバックの効能を説明するために用いたもっとも劇的な例は、排気ガスを車外の歩行者にではなく、車内に向けて排出する自動車だ。フィードバックは個人の自己責任を培い、そして自己責任はフィードバックの中に組み込まれるのである。

包括的なシステムとしての個人

自己責任を実践する第四の理由は、エネルギー下降社会をデザインするうえで中核をなすシステム全体を考える見方を養う必要があるからだ。包括的な考え方を学ぶことは、過去数百年間に当たり前とされてきた文化の多くを放棄したり、覆すことでもある。人間は包括的なシステム思考や過去の文化の否定に慣れていないので、大きく複雑なものを修正しようとする前に、単純でアクセス可能な全体システムに努力を集中させるべきである。自己は個人にとってもっともアクセス可能で、かつ潜在的に理解可能な全体システムといえる。

この論理は、人間が歩行を始める前にハイハイをするように、発達学習の普遍的パターンを反映している。しかし、もちろん、その発展過程の認識自体、システム思考の例である。したがって、私が紹介しているパーマカルチャー戦略の背景にある推論のなかには、すでに自明の常識とみなされるか、もしくは不可解なナンセンスとして捉えられるものもある。

7　自己監査とそのプロセス

驚くべきことに、人間はかろうじて気づいているか、あるいはほとんど気にかけないようなプロセスによって動かされている。パーマカルチャーのデザインの授業で、個人の習慣や行動がもっとも取り扱いにくく、また微妙な取り扱いを要することであり、それらが近代社会が生態学的に機能障害を起こす主要な理由であることに気づいた。たとえば、毎日シャワーを浴び、浴槽に浸かるということは、富裕国の人びとにとっては、疑いようもなく、個人の衛生を保つうえで不可欠である。その結果として、風呂を利用するために必要なエネルギーや水の需要は増加し、経済活動の重要な原動力となる。

自己監査することで、個人の習慣や振る舞いの結果に対する責任を負うことができる。物質的なものと非物質的なもの、投入と排出のすべてを監査するのだ。これは、家庭菜園のデザインを行う過程の一端として、ある野菜の生育に必要な資材と収穫量についての監査と似ている。だから、自己監査は自分の罪の懺悔ではなく、人間の存在への理解を助ける生態学的観察の演習である。「地球規模で考え、地元で行動する」に暗に示されるトップダウン的な考え方である。

自己監査のプロセスを示してみよう。
①自分のニーズ、必需品、嗜癖、能力、責務、責任について、ブレーンストーミングするか列挙する。
②自分が及ぼす影響とその相互関係をすべて考慮する。
③物質とエネルギーの流れや個人の移動パターンを図に表す。
④他者を責めず、罪の意識をもたずに、自分で責任をとる。
⑤できるところから依存を減らし、害を減らし、生活の質を改善していく。
⑥少しずつ生活を変化させ、監査を定期的に行って見直しする。

パーマカルチャーのデザインの授業でもうひとつ気づいたのは、情緒的・知的・精神的なニーズは注目されるが、物質的ニーズについては曖昧にぼかされるか当然視されていることだ。非物質的ニーズのほとんどは物質の消費をとおして、あるいはそれに伴って得られるが、それらはもっと簡単な方法でも手に入れられる。小さいときのしつけや仲間の圧力、絶え間ない広告や宣伝などが、いかに人間の情緒的・知的・精神的ニーズと物質の消費行動とを結びつけてきたかを示している。ところが、世界中のあらゆる文化的・精神的な伝統が発信するメッセージは、まったく正反対である。

8 現代社会が陥る中毒

もっと基本的な問題は、いかにしてニーズを満たすかではなく、ニーズと「欲求」を区別し、欲求が機能障害を起こすニーズ（中毒）となってきた事実について理解することである。このプロセスの中心は、中毒が近代社会や人間に及ぼす影響の認識である。私はパーマカルチャーを（冗談半分で）「中毒患者への支援活動」とも定義してきた。薬物中毒の構造やプロセスに関心が高まるのを利用し、買い物中毒、テレビなどのメディア中毒、自動車中毒など、現代社会が陥っている広範な持続不可能な中毒症状について訴えてきた。

「際限のない快楽」という言葉は、社会的な幸福度を維持するためには物質的な富を増加し続けなければならないが、それでも幸福が達成できないという、富裕社会で起こる現象を指している。人間は正直に、これが「中毒」であるとはっきり認めるべきであろう。たとえば、自動車中毒にかかっている人はたくさんいる。ところが、自動車の運転は麻薬中毒のように情緒的・物理的な依存が目に見えず、また害が少ないため、比較対象としてなかなか受け入れられない。

しかし、それに対しては二つのレベルで反論できる。まず、自動車を運転するという意思決定そのものから直接的な形で害を被ることはないかもしれないが、自動車輸送が社会と環境に及ぼす影響を考慮すれば、その運転がもたらす問題は深刻で長期にわたっている。次に、ドライバーが運転に対して情緒的・物理的に依存しているかどうかを知る唯一の方法は、薬物中毒で言えば毎日の「薬物注射」を止めてみることだ。ストでガソリンが手に入らなくなったとき、人びとが見せる不合理な怒りは禁断症状の証である。ガソリンを取り上げられたら、ヘロイン中毒者がヘロインを取り上げられたときと同じぐらい凶暴になるドライバーが多いのではないだろうか。同様のことは、テレビ中毒者、買い物中毒者がそれぞれの「薬物」を取り上げられたときにも当てはまる。

こうした中毒は個人にとどまらず、制度や組織にも構造的な形で存在する。よく知られる例だが、政府はアルコールやタバコ、ギャンブルに課す税に大きく依存している。

農場を有機農業や資源低投入型農業に転換するときも、現在の高収量農業が投入資源の中毒にかかっており、将来の生産基盤を食いつぶしているという基本的な認識がなければ、意味がない。また、単に資源の投入を止めるだけでは、収量の激減という禁断症状を生むだけに終わってしまうかもしれない。

中毒に陥っていると認識しても、それだけで答えが簡単に見つかるわけではない。とはいえ、持続不可能な社会を牽引するのは不合理さであり、科学的な合理性ではないことが理解でき、よりよい適応戦略をデザインできるようになる。個人の中毒に対処するとともに、より複雑で規模の大きな中毒の解決法をデザインするには、麻薬中毒への対処から得られる教訓が役にたつ。

①自分が中毒にかかっており、そのために、よりよい生活やより持続可能な社会が妨げられていると認める。
②自分が中毒から得る情緒などの恩恵や産出物を認識する。
③罪悪感を捨て、自分の親など他者に対する非難を止める。
④自分が中毒者であると認めず、問題を克服しようとしない中毒患者との関係を断つ。
⑤理解のある元中毒患者との関係を築き、改善を望む中毒患者による自助グループを組織する。

9　自立と災害への備え

政治的活動としての自立

それぞれの人間が自己責任を果たせば、自立し、ニーズや責任を一極集中的な資源に頼らないようになる。その過程で、政府や企業は個人の自立を呼びかけはするが、依存をあてこんでいることがわかる。景気は個人の企業への依存を必要としており、消費が少し落ち込むだけでも「消費者ストライキ」と呼ばれてしまう。

環境運動グループは、マクドナルドやナイキなどの企業の製品のボイコットが大きな影響を与え、目に見える有益な変化をもたらすことに気がついた。一人ひとりの人間が自立していけば、それほど目につくことはないかもしれないが、より幅広い消費者ボイコット運動になり、一極集中的で大規模な経済による中毒と機能障害の助長、維持、市場の独占や心理的な支配を弱めていくことになる。同時に、地域に根ざす新しい経済活動を促進し、刺激する。たとえば、自家用食料の生産は、地元市場に出荷する小規模な有機農家と競合するのではなく、むしろ補完するものである。

自立ははっきりと捉えにくく、明確な形式をもたないので、機能障害に陥り、危機的な状態にある経済体制にどれほど効果を与えているのか見えにくい。このため、人びとは自分の手にする力の存在になかなか気がつかない。逆に、メディアや企業、政府にとっても、自分の利益を蝕む相手の行動が見えにくいので、追跡し、破壊する手段をなかなか講じられない。

一見、統一を欠く運動は、相手の破壊行動に対して強い抵抗力がある。それは意識的な哲学にはもとづいていなくても、無政府主義の戦略だと言える。主流メディアは、いわゆる反グローバリズム運動を方向性のない実質性に欠けた運動として嘲笑する。だが、それはエリートに簡単にわかるような要求がなく、誹謗や破壊（また必要ならば交渉）の対象となるような実質的リーダーが見出せないからだ。

外部資源への依存

自立の価値については、社会活動家や政治活動家のあいだで評価が分かれるだろう。だが、自然がもたらすものであれ、人間社会が生み出すものであれ、劇的な変化に対する人間のもろさを補強する重要な価値があることは疑いない。

自然界のシステムでは、それを構成する要素が自立していれば、システム全体に加えられる打撃に対して抵抗力になる。たとえ、一つひとつの要素や小グループが崩れても、システム全体がドミノ倒しのように崩壊する事態には至らない。それぞれが自立すればシステムに抵抗力をつけるだけでなく、システムが機能障害に陥ったり不安定になったとき、新しいシステムを急速に生み出す出発点となりうる。なお、新しい生態系の発展を意味するエコシンセシス(生態学的代謝)については、原理12「変化には創造的に対応して利用する」(下巻)で取り上げる。

近代社会や経済の構造は、個人、家族、近隣社会が外部の資源とサービスに歴史上例を見ないほど依存するよう仕向けてきた。一九七四年にダーウィン［オーストラリア北部、ノーザンテリトリー準州の州都。人口約一三万人で、四分の一はアボリジニなどの先住民］がトレーシーと呼ばれるサイクロン(熱帯性低気圧)に襲われ、壊滅的な被害を受けたとき、もっとも緊急を要する援護物資のひとつが赤ちゃん用の粉ミルクであるとニュースで聞いて驚いたのを覚えている。赤ちゃんを母乳で育てていない母親がほとんどだったのだ。母乳による子育てはその後奨励されてきているので、自立度が高まった例のひとつといえるかもしれない。しかし、そのころに比べると、人びとは一極集中的な資源や情報、権威にさらに大きく依存するようになった。

こうした他力本願の依存が進んだのはある意味で、消費経済が蔓延し、貨幣を必要としない自立が貨幣の媒介に頼るモノやサービスに置き換えられてしまったからだ。自然や人間の引き起こす災厄を、専門家に高い金を払い、設計や施行を任せ切りにした施設や情報システムで対処しようとする社会の当然の帰結でもある。

山火事に対するデザイン

『パーマカルチャー・ワン』では、山火事に対処するデザインに一章を割いた。これはオーストラリア全土について言えることだが、とくに人口の大半が集中し、世界でも有数の山火事発生地帯である東南部では不可欠な要素である。エネルギー下降社会においては、一人ひとりが自然や人間の引き起こす災害を想定し、備えを設計しなければならない。

それ以来、オーストラリアでは山火事にそなえてデザインを考えることが対策の主流になったが、もっと根本的な変化も起きた。一九八〇年代から九〇年代にかけて都市近郊の半農村地域を襲った大きな山火事の経験から消防当局が学んだのは、トップダウンのやり方には限界があるということだ。とくに、住民が他人から救助されることを当然だと思い込んでいるときには、それまでのやり方では対処できない(8)。その後、地域ごとに消防団が結成され、山火事に対して自立した対応をとるように変わってきた。そして、消防機関は、きちんと備えのある家庭では、もっとも深刻な山火事でも自宅にとどまることを奨励している。

消防当局の物的・人的資源をもってしても、個人や家族、コミュニティの自立した消防能力に取って代わることはできない。また、その道のプロにきちんと指導されたとしても、自立する家庭やコミュニティとの協力がなければ、消防団は効果を発揮できない。

ビクトリア州で一九八三年に起こった「灰の水曜日」と呼ばれる山火事は、歴史的な大災害であったと思い込んでいる人が多い。だが、一九三九年の山火事などに比べれば、規模として大きいわけではない。一九三九年の山火事のとき、火災による打撃を受けた農山村地帯で暮らす人びとは、現代の通信網や専門的な消防機関の助けを借りることができず、頼りになるのは自分たちの力だけだった。一九八三年の山火事では、世界でもっとも優れた消防資源が投入されたが、四四年前のような自立的な家庭やコミュニティは存在しないうえに、消防当局がトップダウン方式で人びとを避難させる戦略をとったため、多くの生命が危うく奪われるところであった。現在では、あっという間に広範囲に火の手が広がる山火事では、一斉避難は問題を解決するよりも問題をつくり出しやすいことが広く認識されている。

疲労したシステム

この原則は、山火事に特有のものではなく、災害管理に関するより一般的な原則を表している。重装備なシステムは、小さな災害から身を守ることはできるかもしれないが、大規模な災害には適応できない。いずれトップダウンの管理システムを圧倒する災害は起き、大きな被害を招く結果になる。自然界においては概して、小さなストレスがシステムを適切な状態に保ち、状況に適応する役割を果たす。そのおかげで、大きなストレスに対してよりよく対処できるようになる。

システムの存続(生命)を脅かすような、極端なストレス下にある生態系や生物の行動は、抵抗力のあるシステムをいかにして意識的にデザインするかについて豊富なモデルを提供する。例をあげてみよう。

①すべての恒温動物の身体は、極寒にさらされると、四肢が壊死しても、重要な器官のために熱を保持しようとする。

②ガイア（生きている惑星）の進化の過程で、地球にとってもっとも重要な機能の大半が大災害を耐えられる微生物によって担われていることは、いまや明らかである。[9] 氷河時代の到来や隕石の衝突が地球の中核機能へ打撃を与えることはないが、複雑に進化した植物や動物は地球という視点からすれば余分な飾りにすぎず、こうした大規模な変動が起これば、簡単に滅びてしまうだろう。

③社会不安や飢饉が起これば、社会と経済のほとんどの機能は崩壊するが、家族や世帯は社会の基本単位として存続する。アフリカで起きた飢饉は、極端な場合に家族関係さえも崩壊させることを示したが、母親と子の強固な関係だけは保たれた。

④幼児の世話をする若い親は、そのストレスのもとで、自分の価値観や理想の多くを忘れ、若いときに自分の親から肌で学んだ親としての振る舞い（良くも悪しくも）に頼ることが多い。

これらのすべての状況でみられるのは、もっとも精巧で最新の構造とプロセスが捨て去られ、よりシンプルで、規模が小さく、昔から検証ずみの構造とプロセスへの回帰である。

現代社会では、不可欠な機能を保護するための予備システムや、政府に頼らない予備の戦略はほとんど失われるか、意識的に捨てられてしまった。あらゆる社会階層にかつては深遠で幅広い形で予備のプランとシステムがあったが、それが形骸化した高価な残骸が軍隊である。[10]

最貧国の貧農は現在でも、自然災害に対して驚くほどの耐久力がある。[11] 大規模な災害が起きると、国際的な救援活動が行われる。しかし、社会が日常性を回復する最大の原動力はほとんどの場合、住民の自立性だ。一九八九年に起きたサンフランシスコ地震では、富裕な白人が住む郊外コミュニティより貧しい黒人地区のコミュニティのほうが、立ち直りが早かった。

近代社会は自然災害や人的災害に対して非常に脆弱なため、一連の自然災害が世界恐慌どころか現代文明の崩壊へと連なる可能性も十分に考えられる。ばかばかしく響くかもしれないが、一九二三年に起きた関東大震災が、日本経済の絶好調時に繰り返されたらどうなっていただろうか。バブル経済のころ、世界の一〇大銀行のうち八つが日本の銀行であり、そのすべてが東京の異常な地価高騰に依存していた(12)。また、グローバルな保険産業は、富裕国において地球温暖化に起因する「自然」災害から大きな損害を被っている(13)。物質的資産が増大し、一極集中的なシステムへの依存が高まると、大規模災害への脆弱性も増すようだ。近代の産業化社会は、海中に沈んだアトランティス大陸の物語を自らが演じるべく舞台設営をしているのである。

私はここで、特定のリスクやそれがもたらす影響について喚き立てるつもりはない。自立のもつ根本的かつ構造的な価値を強調したいだけだ。自立に本気で取り組まない社会は、いずれ、その近視眼的なアプローチのために苦しむであろう。

個人の生活や、世帯およびコミュニティの人間関係にパーマカルチャーの原理を適用すれば、災害に対してもある程度の備えができるだろう。無限の安全を求めて、家父長的な保護、力だけに頼る生存至上主義に踏み込んでいくのは非現実的であり、逆効果になる。どんなに自立していっても、効率や保険的機能には限界がある。だが、政治的・経済的な自由のため、また自然の変遷が人間にもたらすさまざまなダメージを少なくするためにも、それはもっとも重要な戦略のひとつである。

自立的な自治の理想は、より広い世界への開かれた関心と受容の精神と並び立つものだ。この原理は、エネルギー下降時代に、人間の要求のバランスを保ち、統括するうえで有用である。地元の丈夫な樹木を選び、防風林をつくり、コンポスト・トイレを使い、自宅出産を選び、テレビを特権的な家族の一員という地位から引きずり下ろすことをとおして、人間は自己規制の原則を適用し、フィードバックを受容できる。人間は自分自身の能力を培うことで、バランスがとれて、調和した社会形成に貢献し、生命と社会の維持が可能になる。

（1）パフォーマンス全体に影響を与えるような形で、循環回路から産出の一部を投入要素に返還すること。

（2）J・ラブロック著、星川淳訳『地球生命圏――ガイアの科学』工作舎、一九八四年、参照。

（3）人間は一日あたり約二五〇〇キロカロリー（一〇四六七ジュール）の食物エネルギーを必要とする。現代人の生活を支えるために間接的に消費される自然資源のエネルギー量を計測し、ジュール単位で表示できる。得られたエネルギー総量（ジュール換算）を一〇四六七で割れば、人間がどのくらいのエネルギー消費を必要とするか、わかりやすい数値で表すことができるのだ。この種の測定方法は、年齢、技術、トレーニングなどにもとづく人間の努力の相対的価値を評価しようとするものではない。エメルギーの計算を使えば、これらの価値の計測もある程度可能となり、それぞれの個人が経済や社会へ寄与する度合いも確認できる。

（4）一九九一年に、世界のもっとも裕福な五分の一の人びとが行う経済活動が世界経済の八三％を占め、もっとも貧しい五分の一の人びとの活動はわずか一・四％にすぎなかった。

（5）私は、あらゆる社会においてもっとも力をもつおそらく人口の一％程度の人びとを指して、「エリート」という言葉を用いる。エリートは重要な文化的・政治的・経済的制度に対して多大な影響力を行使する。オーストラリアでは、教育があり、社会問題に関心をもつ上層中流階級の大部分が、保守的なコメンテーターたちからエリートと呼ばれるようになってきた。この情報操作の背景には、さまざまな問題に注目するだけのエネルギーと暇があるのは裕福な者だけで、「苦労する貧困層」は財布の中味にしか興味がないという思い込みがある。

（6）アダム・スミスらの考え方にもとづいている。

（7）もっとも貧しい人びとが環境の悪化や天然資源へのアクセスの喪失によってより困窮化したことを示す証拠は、数多く存在する。さらに、第三世界の多くの人びとにとって、エネルギー奴隷は適切な住宅、栄養、健康、教育、意味のある仕事や社会的価値ではなく、コカ・コーラ、ブルージーンズ、テレビなどの消費財という形で立ち現れる。

（8）消防当局は、専門的な消化活動の限界と、自己依存する世帯やコミュニティがしっかりした備えを行うときのみ、壊滅的な火災から生き残ることができると、地域消防団戦略で正式に認めている。
（9）J・ラブロック著、星川淳訳『ガイアの時代――地球生命圏の進化』工作舎、一九八九年、参照。
（10）失われたものには次のようなものがある。専門的システムが失敗したときにコミュニティを支える万能タイプ、地域やシステムに精通するベテラン従業員、都市周辺の地域や農場における食料生産、「カンバン方式」の普及による部品の在庫、隣人同士のふれあいやコミュニティ・ネットワーク。
（11）経済や自然資源の劣化によって、世界中の農村社会から自己依存性が大幅に失われた。
（12）東京の地価合計はカリフォルニア州全体のそれを上回ると評価された。
（13）保険産業の危機は、本書執筆後に起きた九・一一事件以降はるかに深刻化した。

原理5

再生可能資源やサービスの利用と評価

自然にゆだねよ

1　再生可能資源と再生可能サービス

再生可能資源とは、再生不可能な資源を大規模に投入せずに、無理のない期間で自然なプロセスを経て、再生もしくは代替できる資源を指す。経済用語を使えば、再生可能資源は人間の収入源であり、非再生可能資源は固定資産と捉えられる。誰が見ても、固定資産を日々の生活のために食いつぶすのは持続不可能な行為である。パーマカルチャーのデザインは、再生可能な自然資源を最大限利用した、収穫の維持・管理を目的とすべきである。システム構築のために非再生可能資源が必要ならば、適度に使用することもありうる。

再生可能な資源と不可能な資源の使用バランスを取り戻すという「新しい考え方」は、実はそう遠くない昔には普通であった。ところが、それを忘れてしまった人も多い。環境意識の高い人が「太陽光乾燥機」(つまりは物干し竿)を使うというジョークがある。おちは、自然のさまざまな機能が科学技術や化石燃料に取って代わられてしまったことだ。

再生可能サービス(あるいは受動的な機能)とは、植物・動物・土壌・水を消費せずに利用して得るサービスである。たとえば、樹木を木材として利用すれば再生可能資源を使ったことになる。それに対して、樹木の下の日陰を利用したり、雨宿りをした場合、樹木を消費せず、収穫のためにエネルギーを使うこともせずに、そのサービスを利用したことになる。これを理解すると、システムデザインの再検討に非常に役に立つ。人間のシステムでは、多くの些細な機能までが非再生可能で持続不可能な資源の使用を前提とするようになったからである。

パーマカルチャーのデザインは、自然のサービスを消費しないかたちで最大限に利用し、資源の消費を最小限に抑え、人間と自然が調和し、お互いに作用するようにめざすべきだ。人類の歴史のなかで、これを実現したもっともよい例は、馬の家畜化であろう。馬は、交通、耕作、さらには「馬力」を提供することで、数かぎりない恩恵をもたらした。また、家畜と緊密な関係を築くことで、人間は倫理観を発展させ、自然との関わり合いが倫理の範疇に入るようになった。

「自然にゆだねよ」という成句が示すとおり、人間が下手に手を出すと、物ごとはより複雑になり、事態が悪化しかねない。生物系や生態系のプロセスに内在する知恵を尊重し、評価すべきであろう。

2　エネルギーとしての再生可能資源

原理2「エネルギーを獲得し、蓄える」で紹介したのは、あらゆる資源が、いやサービスでさえ、さまざまな密度をもつエネルギーの一形態にすぎず、すべての自己維持システムの発達の原動力であるということだ。現代人に馴染み深い富・権力・資本・収入という経済との関連も考えた。原理3「収穫せよ」では、バイオマス資源のエメルギー（真の富）測定値をそれぞれの再生速度と関連づけた。そして、蓄積はゆっくり行われるほうが価値が高いことが確認された。

再生可能エネルギーのフローにはかぎりがあり、不安定な場合が多い。フローが非常に高いレベルで安定した化石燃料に取って代わられたのは、そのためである。再生可能エネルギーのこうした特徴は、人間がエネルギー下降時代に向かうとき、自然資源は注意深く、尊敬の念をもって活用しなければならないという、価値ある負のフィードバックを提供してくれる。(1)

再生可能資源の使用基準

再生可能なエネルギーや資源の適切な(また不適切な)使用に関して感性を磨くためには、再生可能資源の大きなパターンと細かい要件の両方を理解する必要がある。それがわかれば、以下の二つが可能になる。

①再生可能資源を最大限に有効利用すること

②再生の妨げにならない範囲で資源を使用すること

適切な使用方法は、その場や状況に固有な要素によって常に変わる。資源を画一的に大量投入する工業的な思考では、多様な資源をさまざまな方法で利用できない。

再生可能資源をこれまで以上に利用することは魅力的だが、実際には環境破壊を引き起こす場合もある。原生林の「不要物」のバイオマスへの利用についてはすでに、公有林をめぐる新たな紛争の始まりとして、オーストラリアをはじめ、各国で論議を呼んでいる。まだ工業化が進んでいない国や地域は、再生可能ではあるものの、すでに枯渇が進む薪などの資源に大きく依存しており、地域環境に与える影響は非常に深刻な場合が多い。

再生可能資源の利用が適切かどうかを判断する際には、「この資源を使用する製品や機能は、自然がこの資源を生み出すのにかかった時間よりも長く稼働するだろうか?」という問いかけが役に立つ。

たとえば、太陽光・潮力・水力・風力は、日々あるいは季節ごとに再生可能なエネルギーであり、毎日短時間利用するのは適切であるといえる。一方、樹木が生長するのには時間がかかるので、木材の使用には注意が必要となる。紙製品の半減期は二〜三年であろう(2)。しかし、紙を生産するために使用された樹木が成長するまでには、何十年あるいは何百年もかかる。また、紙を生産するために使った同じ樹木から上等なダイニングテーブルが作られたとしたら、テーブルの半減期は数百年にも及ぶかもしれない。だから、テーブルを作るほうがずっと適切な利用方法といえる。

半減期という考え方は非常に便利であるが、使い捨て文化の現代社会では、原料の利用効率だけを反映しがちになる。今後、低エネルギー社会に移行するにつれ、変化はゆっくりと起こるようになり（原理９「ゆっくり、小さな解決が一番」（下巻）参照）、廃棄物の量や定期的なメンテナンスも最小限ですむようになる（原理６「無駄を出すな」参照）。そうなると、モノの半減期は大幅に伸びる可能性がある。書籍に質の高い紙が使われるようになれば、先祖代々伝わるダイニングテーブルと同じくらい長く使用できる可能性が生まれる。そうであれば、（樹齢の長い樹木など）再生に時間がかかる自然資源の使用も正当となる。

自然資源の利用を適切に行えば、さまざまな価値をもつ副産物が必然的に生じる。自然資源を一〇〇％の効率で一つのモノに変換するような方法は、注意しなければならない。他の可能性の価値が考慮されていないからだ。

数年前、近くの住宅街で、建築業者が切り倒した木を運び出しているのに出くわした。彼らは、まっすぐで耐久性のあるユーカリの一種イエローボックスを薪用に切り始めたところだった。私は、薪よりもフェンス用材にしたほうがよいと提案したが、業者はフェンス用では意味がないと言う。そこで、私はまだ切られていない木を薪の値段で引き取ることにした。この業者のように、木の適切な利用方法の無視が広く行われたら、森林は木質繊維や燃料だけのために切り払われてしまうだろう。

プロセス全体の評価

自然資源の使用適性を正確に評価するには、より広範な産業的な視点が欠かせない。たとえば、家具の製造を考えてみよう。テーブル作りに必要な高品質の材木を得るために、樹木をたくさん伐採しなければならない。品質に適合せず、捨てられる部分も多い。紙パルプや燃料ならば、樹木はすべて利用できる。こちらは使い捨てで、低価値な使用法ではあるが、無駄の多いテーブル作りと比べて、はたしてどちらがより適切なのだろうか。視点を変えてみるのもよい。伐採後に残された木片を用いてオリジナルな家具を作る職人などは、再生可能資源をもっとも適切な形で使用していると言えるのかもしれない。

産業全体を大きなシステムとみなし、さまざまな資源や製品をそれぞれシステムの一部とみなす全体的なアプローチをとることで、分野を横断する重要な関連性が見えてくる。すでにエコロジカル・フットプリントやエメルギーについて言及したが、こうした考えを利用すれば、さまざまな自然資源の使用の是非について、量的な答えが得られるだろう。

適切な使用と固定資産

天然資源を用いた製品の製造過程の考察は重要であるが、同時に、人間がそれをいかに用いるかも重要である。大家族が日々の食事に使うダイニングテーブルと、たまに開かれるパーティーでしか使われないダイニングテーブルでは、使われ方に大きな差がある。前者には思い出や生活の跡が残る。だが、後者は鍵のかけられた空間に置かれ、ふだんはほとんど何の役割も果たさず、そのために保険をかけ、空調などのメンテナンスをしなければならない。

重要なのは、資源の回復にかかる時間だけではない。使用可能な資源の全量を知ることも非常に重要である。消費速度は、一定ではない。全量を承知していれば、消費速度の変化のもたらす悪影響に左右されにくくなる。資源の回復にかかる時間と資源量（または面積）を係数として掛け算すれば、再生可能資源の実際量を、ある程度は感覚的に割り出すことができる。森林は平時には国家の固定資産の蓄積であり、戦時には資源として利用された歴史をもつ。田舎の小さな家なら、毎年必要とする薪を森林からまかなうことが理論上は可能かもしれない。しかし、必要な量の薪を間伐から得ることが必ずしも最適な管理方法ではないから、実際にはそうはいかないこともある。

3　非再生可能エネルギーの投資

非再生可能エネルギーに依存する再生可能エネルギー

産業革命以前の社会では、再生可能資源は、さらなる再生可能資源や再生可能エネルギーの収穫を支えていた。農業や林業に使われる人力・役畜・さまざまな道具は、すべて再生可能資源によって生み出されたものである。耕作用の馬の餌は、その馬が耕した土地の収穫物であり、森林で用いる道具にはその森林で得られる資材が使われ、製材所の動力となる蒸気の燃料は製材所から出る端材だった。

現代の農業は、非再生可能エネルギー・資源・技術を用いて自然資源を管理・収穫・加工し、再生可能資源の生産性を向上させた好例である。たしかに収量は向上したが、農業の本質は一変してしまった。かつては再生可能資源を収穫する重要かつ原始的な方法であったが、いまでは非再生可能資源をもっとも大量に消費する産業になってしまった。イスラエルでパーマカルチャーを教えていたとき、こう話したことがある。オーストラリアでは、コップ一杯の牛乳の二〇％は石油である。ヨーロッパではおそらく五〇％。そしてイスラエルでは八〇％が石油であろう(3)。

再生可能エネルギー源を収穫、貯蔵、利用するためには、高品質のさまざまなエネルギー（大半は非再生可能エネルギー）を投入しなければならない。エメルギー会計によると、良質の潮力や水力が得られる場所では投入しなければならない量が非常に少なくてすむ。すでに潮流や水流によって地形が変化し、必要なインフラができあがっているからだ。間伐材などの林業廃棄物からバイオマスを得る場合も、光合成や森林の自然の営みによって、必要なプロセスのほとんどが完了している。

風力の場合、エネルギー資源の質が低く、供給量も安定しないので、大がかりなインフラが必要になる。太陽光発電の場合、資源は非常に豊富だが、質が低いため、得られるエネルギー量に比べると必要なインフラ規模がかなり大きくなる。

太陽光発電は救世主か寄り道か

そうした制約にもかかわらず、太陽光発電は再生可能エネルギーの象徴としてもてはやされてきた。ハイテクでエネルギー効率のよい社会を維持する、環境にやさしいクリーンな電力源として、期待されている。たしかに送電線網が未整備な地域では便利であり、エネルギー消費が下降へと移行する時期には役立つかもしれない。だが、私自身は太陽光発電で動くハイテク社会は夢物語でしかないと思っている。

私が太陽光発電に関して多くの人びとと異なる見解をもつ理由のひとつは、エネルギー量の計算方法が違うからだ。太陽光発電装置の製造と保守に投入しなければならないエネルギーを上回る量のエネルギーを獲得できるのかどうか、疑問がある。太陽光発電の最終的なエネルギー収支はプラスになるという研究が多い。しかし、エメルギー収支を用いると、マイナスになる。(4) エメルギー収支と他の計算法との大きな違いは、労働力とサービスの評価に関してである。

エメルギー収支以外の計算法では、人間の労働は食物エネルギーの代謝とみなされたり、国家の燃料消費量に占める割合で計算されることが多い。(5) エメルギー収支では、労働を国家のエメルギー使用量に占める割合で計算する。エメルギー収支で計算すると、米国における労働は、それを食物エネルギーの代謝と捉える計算方法から得られる答えの二〇〇倍にもなり、国家の燃料消費量に占める割合で計算したときの二倍になる。(6)

しかも、エネルギー代謝などの手法で使われる数値は全米の平均値であり、エメルギーの実際の量ではない。たとえば、低い教育しか受けていない掃除夫のコストも、高給取りのソフトウエア・エンジニアのコストも、同じと考えてよいのか。それでは、経済的な実情や生態系に及ぼす影響を反映できない。それぞれの労働のコストの差は、平均的数値にそれぞれの人の所得を掛け算すれば(大まかではあるが)わかる。

太陽光発電の製造には高度な先端技術が必要で、必要とされる人的資源にも高度の熟練が要求される。そのため、太陽光発電から獲得される電力量は、投入コストに比べて大きいとは言えなくなる。このようなエメルギー効率の悪さは事務や運転のコストが原因であり、太陽光発電所が普及すれば大幅な削減も可能である。また、家庭用の小規模な太陽光発電装置ならば、こうしたコストはかなり低くてすむだろう。

そうした改善が可能だとしても、太陽光発電にあまり期待しない理由は、最大力の法則にもとづいている(原理3「収穫せよ」を参照)。太陽エネルギーは数十億年の長きにわたって、地上の生命にとって主要なエネルギー源であった。その間に生命は進化を続け、すでに太陽エネルギーを獲得し、変換するための最適形態にたどり着いたのではないだろうか。科学技術がこの効率のよさを真似できるとは考えにくい。適切な評価方法を用いれば、そのことが明らかになるだろう。以下は、ハワード・オーダムの著書『Environmental Accounting(環境会計)』からの引用である。

「太陽光発電の研究や生産が進むにつれ、太陽光発電装置の製造に必要なモノやサービスの量は年々少しずつ低下してきている。単位電力あたりのコストも、緩やかではあるが低下してきている。しかし、太陽光発電の効率改善が熱力学的段階まで進んだとしても、自然の太陽光発電装置である葉緑素の効率性の足もとに及ぶかどうか、という程度だ。生物物理学の研究によると、効率性を表す曲線を光の強度の関数として描いた場合、葉緑素単体のほうが太陽光発電よりも効率がよいことがわかっている。植物の光合成で行われる太陽光のエネルギー変換は、一〇億年にわたる自然の選択過程を経て、すでに最高のエメルギー収支を達成していると考えられる」

樹木——天然の太陽光発電所

生物を利用し、将来の人類にとって使いやすい形態の太陽エネルギーを獲得・貯蔵するための究極の方法は、樹木の利用であろう。もちろん、樹木は電気そのものを作り出すわけではない。しかし、樹木は密度が非常に低い太陽エネルギーをもっとも効率よく変換できる。現在、化石燃料に頼る用途のほとんどは、樹木の利用で効率よく置き換えられるだろう。たとえば、木材ガス化装置やマイクロガスタービンなどの新技術のほうが、発電方法としては太陽光発電よりもずっと経済的だと思われる。既存の木材燃料発電に関するエメルギー会計からも、同様の結論が得られている。樹木には以下のような長所があるので、この点を生かした発電が可能になれば、樹木がもっとも再生可能なエネルギー資源となることは明らかである。

①中間技術を用いれば、輸送燃料の製造を分散化できる（木質ガスやメタノールとして）[7]。

②建築用材、繊維、ウッドケミカルス［石油化学製品（ペトロケミカルス）に対抗する言葉で、木材を原料にした化学製品］としても利用可能で、大量のエネルギーを必要とするコンクリート・金属・合成素材の代用となる。

③山林からは蜂蜜をはじめとするさまざまな産品や環境サービスも得られる。

④食糧生産に不向きな不毛の土地でも、森林は持続的に成長して木材を産出する。

太陽光発電の適切な役割

太陽光発電は、エネルギー下降時代への移行期に、人類の技能や工業生産能力に内在する化石燃料エネルギーを利用して発電を行うには適切な方法かもしれない。たとえば、電力需要の小さいシステムが送電線網から離れたところに存在する場合、晴天の多い乾燥した気候で降水量が少ないために、樹木などのバイオマスの産出量が限られている場合、晴天の多い都市部で、太陽光発電が屋根の役目も果たす場合などである。

太陽光発電のもっとも優れた点は、電力が貴重であることを思い起こさせ、その当然の帰結として、電気はそもそも小規模電気モーター、照明、通信などの高度な機能にだけ使うものであると認識させる点にあるだろう。太陽光発電システムを生活に取り入れる人びとの数は増加しつつあり、彼らこそが、現代の豊かな社会にとどまりつつも適度な電力消費を行う、新たな文化の先駆者である。その行動そのものがもつ価値は、太陽光発電の最終的なエネルギー収支のプラス・マイナスよりずっと大きいかもしれない。いずれにせよ、二〇〇年後には樹木の大切さは誰もが認めるところとなり、その一方で太陽光発電は過去のハイテク技術として忘れ去られ、製造手段すらなくなっているだろう。

現代人は技術に傾倒する傾向がある。太陽光発電の批評を通じて、パーマカルチャー、とくにこの原理5が、技術に傾倒するのではなく、既存の生物を利用した解決法の再発見に大きく重点をおいていることがおわかりいただけるだろう。「自然が一番よく知っている」という考えは、科学の厳密な理解にもとづいている場合が多いのである。

4　再生可能資源の持続可能な利用

樹木などの生物資源で将来のエネルギーや素材の必要が満たされるとするなら、自然が供給を続けてくれるように、資源を枯渇させないように、収穫しなければならない。さらに、自然資源を枯渇させてしまった場合は、原理2「エネルギーを獲得し、蓄える」で説明したように、自然資源を再生・再構築し、将来的に必要な場合、そのエネルギーや富の蓄積を利用できるようにしておく必要がある。

自然林の伐採はいかなる場合も生態系にとってよくないと考え、森林資源を材料とするモノは、すべて既存の農地への植林でまかなうべきだと考える環境運動家もいる。また、繊維の材料として、麻などの単年生作物を樹木の代わりに用いるべきだと考える人もいる。もちろん、麻は綿の代替としては素晴らしい。綿はあまりに大量の水や肥料、そして農薬を必要とするからだ。ただし、パルプの代わりに麻を使うのは、あまり意味をなさない。麻は食糧生産に適した土地での耕作を必要とするからである。一方、パルプは製材の副産物として生じる。しかも、樹木であれば麻のように肥沃な土地を必要とせず、急峻な土地でも生育可能であり、環境へのメリットも麻より大きい。

メリオドラでは、管理の行き届いた自然林の間伐材を建築に利用したり、料理や給湯、予備の暖房などの燃料として用いている。こうした使い方は、メリオドラの植林地から薪や竿の材料を切り出すのと同様、パーマカルチャーの原理に忠実だと思う。

自然林から持続可能な形で収穫を得ることは一筋縄ではなく、しかも、一つの方法が正しいかどうかが明らかになるには、長い時間が必要になるだろう。さらに、そのためには面倒な管理や記録が必要になる。しかし、だからといって、自然資源よりも科学技術に解を求めるというのは、理由にならない。エネルギー下降時代に適応していくためには、結局は手を汚さなければならないのだ。「クリーンでグリーンな技術」で自分たちのニーズは満たせる、土いじりをしたり他の生物の命を奪ったりしなくてよい、というイメージは、最終的には幻想にすぎない。こうした幻想がまかり通るのは、豊かで上品な都会生活が何世代にもわたって続き、人間が自然から切り離されたからだ。

エネルギー消費が右肩上がりの時代には、集中管理の多収量システムが、収量の少ない自立型の野生システムに取って代わるのは自然な現象である。だが、エネルギー下降時代には、増えた人口をまかなうために食糧増産への圧力が強まるにもかかわらず、自立型の野生資源の効率が再び鍵を握るようになる。持続可能な収量とは、全収量からシステムそのものの維持に必要な量を除いた量である。自然のシステムは複雑で、季節やその他の要因で変動する。だから、持続可能な収量（だろうと人間が思う量）に照らして、収穫に関してはかなり保守的にならなければならない。どれだけの量を収穫するのかも大切だし、いつ、どのような方法で収穫を行うのかも大切である。

変動資源と可動資源

タイミングが大切だということは、すでに原理3「収穫せよ」で述べた。樹木の生長や薪の乾燥はゆっくりとしたプロセスなので、それほど過敏になる必要はないが、収穫は適切な時期を逃すと、植物資源・動物資源ともに失われることが多い。桃やサクランボはたった一週間の差で、すべて鳥に食べられたり、腐ってしまうこともある。牧畜家は種がつく前に草を刈り、栄養価の高い干し草を作る。

将来に悪影響を及ぼさず、毎年収穫が得られる野生のシステムの例として、溜め池に棲むヤビー［小川や水たまりに棲むオーストラリアの小形のザリガニ］があげられる。ヤビーは集水域から流れ込む雨水に含まれる有機物を餌とする。餌が常に流入し、繁殖力に富むため、獲られても、すぐに増える。収穫しなければ、ある一定量以上には増えない。だから、収穫しない溜め池のヤビーはサイズが小さく、収穫する溜め池では大きくなる。

アヒルのような寿命の短い水鳥であれば、数年にわたって個体数を大きく減らさずに、かなり多くを収穫できる。ただし、鳥類は地域どころか、大陸すらも超えて回遊するので、ある一カ所に多いからといって、必ずしもあり余っているとは限らない。持続可能なかたちで収穫を続けるためには、野鳥の移動や生息のパターンをより広い視点に立って理解する必要がある。

伝統的な社会では野生から収穫するときにも掟がある

野生のシステムでは、収穫作業以外にやることはない。だから、収穫物をただであると思い込むのも当然だ。支払いやフィードバックがいらないので、つい、たくさん収穫しすぎることもある。しかも、資源が個人の所有物でなく公共のものであれば、なおさら穫りすぎてしまう(8)。

持続可能な収穫量を見極めるには、何世紀にもわたる試行錯誤が必要であろう。そうして得られた知恵は文化的な伝統に取り入れられ、慣習として許されたりタブー化されたりして、何世代にも引き継がれていく。それによって、近視眼的で利己的な欲にもとづく行動が制限され、自然の豊かさが保たれる。ネイティブ・アメリカンは伝統的に、自らの行為がもたらす影響を将来の七世代にわたって考慮する。また、ヨーロッパには「金の卵を産むガチョウを殺すな」という言葉もある。こうした知恵を心にとめておくべきであろう。

伝統的な農耕社会では、野生のシステムからの収穫で耕地からの収穫を補ったものだ。ほぼ世界全土で、こうした資源は共有地だった。かなり矮小化されてしまったが、これがイギリスの「コモンズ」の発祥である。ネパールではかつて、一haの耕地があれば、稲・野菜・果実・家畜を育て、一家を養っていくことができた。ただし、自分の耕作地のほかに、動物・飼料・燃料・建築材・薬草などを得るために七haの共有林の存在を当てにしていたのである。

インドでは、カースト制度にもとづくバラモンによる土地使用の決まりがあった。農地管理とパーマカルチャーデザインに精通するあるハーレ・クリシュナ教徒は、パーマカルチャーのゾーニングの概念を使い、この決まりを次のように解釈した。

まず、菜園(ゾーン一および二)には生活の必要を満たすために、誰もが入園できる。手に技術があり、意欲がある者には、耕作地（ゾーン三）で販売用の作物の生産が許される。一方で、農民による森林や放牧地（ゾーン四）の利用は厳しく規制されていた。また、神聖な土地（ゾーン五）が存在し、当然ながら、実用的な利用は誰にも許されない。

バラモンのエリートたちは、農民による耕作地（ゾーン三）の意欲的な活用で社会の物質的な豊かさが生み出され、その豊かさは労働力と役畜の投入に依存していることを承知していた。もしゾーン四の共有地に使用制限がなければ、たしかに生み出される富は増える。だが、肥沃な土地も、水も、飼料も、燃料などの収穫物も、よく管理された自然のシステムが社会全体に恵むものである。共有地では一見、無料で誰でも自由に利用できそうなので、近視眼的な欲望にとらわれると、つい穫りすぎてしまうのだ。

原生林の持続可能な収穫

原生林であっても、しっかり管理すれば、現在の生態系を損ねずに、将来の収穫も脅かさずに、薪や用材、丸太などを切り出すことができる。オーストラリアでは、ユーカリ林の過剰伐採や管理の不手際が何回となく繰り返されたが、損なわれたユーカリ林の再生も行われた。こうした再生をもたらした政策はその後、より近視眼的で略奪的な方針に取って代わられてしまったが……。ともあれ、こうした歴史を見ると、木材の伐採が森林再生となりうる場合もあることがわかる。(9)

溜め池に生息するヤビーの例と同じく、森林の最上部で直接太陽の光を受け、光合成を行う部分である林冠が茂る面積は、限られている。林冠の構成を見ると、枝葉の少ない若木がたくさん伸びている場合もあれば、数少ない巨木が森林全体を覆う場合もある。再生した森林を区分ごとに間引きすれば、残された樹木は早く大きく生長する。一方、要となる樹木が伐採されると、長い目で見た森林全体の価値が低下する。逆に、不要な樹木を間引きすれば、価値の高い森林へと生長する。

つまり、森林は間引きして、質が低く、利用価値の低い収穫物を（薪として）利用することによって、（建築用材など）利用価値の高い樹木を将来手に入れられるようになる。「大きな木を得るために、小さな木を切る」ということなのだ。植林（つまり、小さな木の育成）しかやったことのない人には感覚的に受け入れにくいかもしれないが、すでに生長した森林を管理している人にとっては決して珍しいことではない。

森林や林業についてほとんど知らなくても、実際に森林に足を運び、「ここから何が得られるのか？」と考えてみることはできる。行動と学びの循環（原理1「まず観察、それから相互作用」参照）などの観察技術を用いると、発育の悪い樹木をたくさん伐採して収穫しても、森林全体にはたいした影響を与えないことが、すぐにわかるだろう。そうした樹木の伐採には、それほどの技術はいらないし、伐採後の加工もたいした手間はかからない。伐採した木を最大限有効に使うには、小さなステップごとに考えればよい。間引きした間伐材からは、薪やマルチ用材ぐらいしか手に入らないかもしれないが、適した樹種ならば、支柱の用材や工芸品の材料になるかもしれない。間引きによって、収穫そのものだけでなく、価値の高い樹木を大きく育てることになり、森林のエネルギー獲得・貯蓄能力を高める。

森林の間伐を行う際には、残すべき木を決めなければならない。そのために簡潔かつ絶対的な基準を用いる場合もあるし、さまざまな尺度を織り込んだ複雑で相対的な基準を用いる場合もある。現実には、森林所有者は、間伐のコストや伐採能力を優先することが多く、森全体の視点は二の次となってしまう。再生林の間伐をしたほうがよいのかどうかと逡巡したまま何もしなければ、未来に遺す森林は疲弊する。そして、森林の所有者あるいは管理者は、森林でもっとも価値のある部分を間伐してしまうことになるだろう。

フライヤーズ・フォレスト・エコビレッジ［著者がパーマカルチャー原理にもとづいてデザインし、開発したエコビレッジ。ビクトリア州中部にある］では、一〇〇haのユーカリ原生林でボックス種の間伐を行っている。作業費用をまかなうだけの収穫があり、同時に将来の木材価値や森林の価値を高めている。森林の管理方法を常に進化させていくうえでは、自然を重視する歴史が長いヨーロッパの林業の例が役に立つ。

狩猟における持続可能な収穫量

食肉や皮革の源として野生動物の管理を考えるときにも、同じような原則を用いればよい。草食動物のなかには（在来種・外来種を問わず）、繁殖しすぎて環境に悪影響を及ぼすものもある。それらを人道的で良識ある方法で収獲すれば、有用な産物が手に入り、しかも、適切な個体数を維持して環境を健全に維持できる。オーストラリアでもカンガルーやウサギなどの野生動物の「駆除」が盛んに行われるが、それは収獲が目的ではなく、あくまでも害獣対策の一環である。最小限の労力で被害を最大限に防ぐことが狙いとなり、獲物は廃棄されるかペットフードにするだけで、利用レベルは非常に低い。

獲物に価値を認めるときでも、馬鹿げたマッチョな気持ちがあるのか、群れの中で大きくて力のありそうな雄（大きな角を持つ牡鹿など）を狙いがちで、群れ全体の健全性や活力が損ねられてしまう。しかも、肉は臭いがきつく、硬すぎて、食べられない。こうした狩猟は、生態系に配慮した資源の有効活用とはとてもいえない。一方、まだ若く成熟していない動物（とくに雄）を間引きすれば、群れの活力や健全性が保たれ、高められることもある。若い動物は、ストレスや競争、捕食で命を落とすことが多い。また、若い動物はリスクをともなう行動を取るために仕留めやすい。しかも、肉は柔らかいし、ホルモンも少ないので、臭いもきつくない。

繁殖期に入った動物、なかでも群れを支配するような雄は、選ばれた遺伝子を有している。また、（長寿で知的な動物であれば）知識や習得した行動も身につけており、若い世代へと伝えることもある。群れを支配する個体は、森林における老成樹のように、群れや環境の重要な特徴を体現しており、野生のシステムを管理するうえで、もっとも高い価値があると言える。

今日では、在来の野生動物のほとんどは、原生林と同じく、役に立たず、それでいて「神聖」であるというおかしな評価を獲得してしまった。野生資源の価値が低いとみなされている場合には、手軽だが無駄の多い収獲方法が用いられる。資源を保持するための手入れや管理は、ほとんどなされない。その一方、在来の動物や樹木については、低俗な「神聖性」が台頭してきた。こうした考え方は、在来資源には貨幣的な価値がないので利用しなくても損はないという程度の理解にもとづく場合がほとんどで、非常に底が浅い。

先住民族の文化では、野性資源の物質的な価値に対して、まったく別の神聖性が付与されていた。価値があるから神聖だとみなされたのである。自然から授かるものに対して尊敬の念をいだく評価方法を、私たちも再び取り戻したい。石油や石炭に依存した生活を続けているかぎり、その存在を当たり前と考えるのではなく、敬意を払う必要がある。何でも欲しいものが手に入るので、それを粗末にする子どものようになるのではなく。

収穫物を得て、その価値を認めるということは（それが旬の果物であろうと、太古の化石から得られた燃料であろうと）、自分たちの必要性を満たすと同時に、自然のサイクルとのつながりや相互依存性を感じることなのである。

5　再生可能な自然のサービス

エネルギー下降時代においてもっとも基本となるのが、再生可能資源の持続可能なかたちでの利用である。馬のアイコンが示すように、自然のサービスを使い尽くさない方法で利用すれば、自然との深いつながりや調和を会得できる。私たちが、(動植物・土壌・自浄作用のある水系など)生きている自然のサービスを利用して必要性を満たすことができれば、再生可能資源と非再生可能資源の需要を削減できる。

パーマカルチャーの古典的な例

再生可能資源のよりよい利用について、パーマカルチャーの古典的な例として知られる「ニワトリ・トラクター」を用いて説明したい。ニワトリが土を引っかく動作を利用すれば、トラクターや管理機の代わりに土を耕すことができる。ニワトリをトラクターに例えると、私たちがトラクターの機能は理解していても、ニワトリの機能をよく理解していなかったことがわかる。しかも、ニワトリなら土を耕すと同時に昆虫も食べてくれるので、有毒な殺虫剤の代わりになるし、その糞は(エネルギーを大量に消費してつくられる)肥料の代わりにもなる。

同様に考えれば、家畜は草を食む草刈り機であるし、植物は水や栄養素を汲み出すポンプにも、屋根にも、生きたフェンスにもなる。土壌は濾過装置であり、浄化装置であり、また水や栄養の貯蔵庫でもある。河川や湿地、それらの水の流れは、自浄作用のある貯水設備といえる。

原理２「エネルギーを獲得し、蓄える」で、天然の無機肥料を注意深く用いることで土壌を肥沃にする例をあげ、非再生可能資源の適切な利用法を説明した。無機肥料は比較的安価であるが、生物的プロセスを通じて土壌の栄養分を得ることを優先すべきだ。袋入りの肥料よりも、目に見えない土壌微生物の活動や、植物が受動的に行う働き、そして昔から続く家畜の利用のほうがよい。とくに、家庭菜園や農地として集約的に管理されてきたところでは、これまでに投入された肥料が残存していたり、土壌の栄養バランスが崩れている場合が多いので、こうした方法がふさわしい。

パーマカルチャーの理念を実践している家庭菜園や農地では、土壌微生物の作用の有無にかかわらず、肥沃な土をもたらす先駆植物が必ずといってよいほど見られる。もっとも多い例が、窒素固定菌の宿主となるマメ類である。不溶態となったリン酸を吸収する根粒共生菌などの微生物もよく見られる[10]。微生物の働きを利用すれば、すでに枯渇しかかっているリン鉱石を節約し、本当に必要なところだけに使用できる。

改良がなかなか進まない土壌では、土壌成分の吸収量が高く、痩せた粘土層を耕す機能をもつチコリのような深根植物が非常に役立つ。また、オーク［ブナ科ナラ属の落葉広葉樹。材質は硬く、船や家具に使われてきた］などの老成樹はオーストラリア南部の痩せた土地でも生育し、葉にカルシウムやホウ素というきわめて重要なミネラルをゆっくりと蓄える能力がある。さらに、ミミズやシロアリなどの土壌生物は、土壌の層を物理的に攪拌し、土壌を改良する。

こうした自然の再生可能な働きを利用する例はいくつでもあげられる。いずれの場合も、実用的な結果を得るにはデザインと管理が重要である。管理を行う際は、その働きを利用する植物や動物を囲い込み、種類を限定する必要がある。そうでないと、解決法そのものが新たな問題となってしまうからだ。メリオドラで実行されている例には、以下のようなものがある。

①植えたばかりの作物をニワトリがついばまないように、普通の高さの柵でも飼える種類のニワトリ（オーストラロープ）［オーストラリアで改良された黒色の卵用ニワトリ品種］を選ぶ。

②庭園や果樹園では、窒素固定を行うタガサステ［カナリア諸島原産のマメ科の低木。種や葉は動物のエサにもなる］やアカシアの灌木を大幅に剪定し（ヤギの餌や樹のマルチに使う）、過剰な水の獲得競争が起きないようにしたり、作物に日が当たるようにする。

しかし、いずれの場合も「生物の働き」をうまく管理できない場合もあった。非再生可能資源が「安価な」解決法をすぐに提供する社会では、生物を利用した解決法が廃れてしまうのも、もっともである。技術的な管理と生物的な管理は補い合うことが多いので、メリオドラでは組み合わせて利用している。

①イバラや雑草、荒れた牧草地をマルチやミミズの餌に「変換」する際に、刈払機は非常に役立つ。ただし、時間とともに、草食動物が刈払機の代わりを果たし、季節ごとに余剰な牧草の「変換器」となっていく。

②山羊の放牧や家禽類の平飼いに際しては、移動式の電気網付きフェンスで管理する（実際の通電による電力消費量は、ふだん使っている電球一個分よりも少ない）。

貧しい国であれば、生物の働きの利用で、一見手に負えないと思われていた問題を解決できる可能性が大きく広がる。もちろん、デザインと管理の重要性に変わりはない。外来種を不適切な形で導入・使用した例は枚挙にいとまがない。しかし、失敗例があったからといって、増殖が簡単で役に立つ植物を導入したり足りなかった要素を補うことが、開発を行ううえでもっとも簡単で、民主的で、安価な解決法であるという事実から、目をそらしてはならない。

生物の働きを利用した実例には、アフリカの自給自足農業においてマメ科の樹木や灌木が広がった例が非常に劇的であり、まとまった報告がなされている。

トウモロコシの功罪――アフリカのケース

アフリカの小作農が生産する主要作物（とくにトウモロコシ）の収穫量は、土壌の悪化や人口増加にともない、低迷もしくは減少している。もっとも貧しい農民は、土壌がもつ能力と降雨に頼るしかない。収穫量を維持するためにできる唯一の管理方法は、耕作だけである。だが、連作すれば土壌の有機物は減少し、ミミズは死んでしまう。そして、土壌の組成が悪化し、さらに耕作しなければならなくなる。かつては、耕作対象外の共有地で食糧・燃料・飼料を得られたし、耕作地の肥料も得られた。しかし、現在では、こうした共有地は砂漠化するか、大規模な牧畜ビジネスや農業ビジネスに奪われている。

トウモロコシは、新大陸から導入された高収量の「贈り物」であり、導入当初はアフリカの食糧事情の改善に寄与した。アイルランドのジャガイモのようなものである。だが、トウモロコシは土壌を枯渇させる作物でもあった。

もっとも貧しい農民が土壌の肥沃さを取り戻したり乳牛の飼料を得られるように、ナイロビ［ケニア］の国際アグロフォレストリー研究センター（ＩＣＲＡＦ）が、生長の早いマメ科の灌木や樹木の利用法を一九九〇年代に研究した。生物の働きを利用するこの解決法が、土壌を肥やし、必要とされていたタンパク質と現金収入源となる牛乳をもたらした。ある地域で劇的な成功を収めた結果、このシステムはケニア全土、さらには周辺国でも採用されるようになる。

これはパーマカルチャーの古典的ともいえる解決法で、それまで普通に使っていた肥料が手に入らなくなったときに植物を用いることで、トウモロコシの収穫量は一〇倍にも増加したのだ。皮肉なことに、このときに用いられたマメ科植物のいくつかは、数百年前に導入されたトウモロコシと同様、メキシコ産である。

生産性がこれほど向上するのは福音ではあるが、長期的には害となる。窒素量の大幅な増加が収量増をもたらしたのだが、後に養分連鎖のなかでもっとも弱い部分に歪みが出るだろう。ほとんどの土壌において、おそらくカルシウムが不足するであろう。消費されない窒素の浸出が、次の問題になる。こうした土壌の酸性化は、オーストラリア南部でもっとも一般的な土壌劣化である。これは一九五〇年代にサブクローバーや過リン酸肥料を使った牧畜の拡大が持続可能ではなかった証拠である。

なお、このアフリカの例では、マメ科の多年生樹木が使われ、さらなる研究によって、より長寿なアフリカン・チェリー[11]のようなマメ科以外の植樹が推奨されている。したがって、土壌の酸性化が早い時期から現れることはないかもしれない。

いずれにせよ、生物の働きを利用した解決法を本格的に適用する際に鍵となるのは、技術的な要素よりも、社会的・倫理的要素であろう。アグロフォレストリー革命がもたらした農村の豊かさによって、次の世代は不健全な消費活動にうつつを抜かすことになるのであろうか？　それとも、大地の恵みに対する感謝の念が深まるのであろうか？

役畜の果たす役割

第５章のアイコンは馬である。家畜の働きは枯渇しない。その利用の歴史はニワトリ・トラクターよりずっと長く、多くの可能性を秘めている。産業化以前の時代には、貨物の運搬に、馬だけでなく犬や牛、ロバ、ラクダ、象などが使われた。人類の生活の向上や天然資源の利用において、役畜は火を扱う技術と同じくらい重要であった。火は、人類（あるいは神）の際立った才能の産物であると思われる。一方、役畜は自然を手入れし、尊敬することを人間に要求する存在だ。

しかも、役畜との関わり方は、人間同士の関係と同じくらい親密で、感情をともなうものとなりうる。人間と役畜の関係を理想化するつもりはないが、きちんと飼育され、訓練された牛や馬が人間の労働者よりも価値が高い場合すらあることは、指摘しておかなければならない（象は言うまでもない）。神話に登場する動物のほとんどがこうした役畜であるのは当然である。

役畜のもつ力を示す例は、歴史上おびただしく存在する。犬は、人間が野生の獲物を得るための能力を高めてくれた。それが高じて、狩猟犬という、特定の特徴や気質をもった種の繁殖が行われるようになる。このように、必要な機能に応じて、ふさわしい動物が役畜に選ばれてきた。

オーストラリアのディンゴ［タイリクオオカミの亜種のひとつ。先住民族のアボリジニがオーストラリア大陸に移り住む際に持ち込んだと思われる。いまでは、大陸のいたるところで野生化している］やタイに生息する同属種は、かつて家畜だった犬の子孫だと見られている。四〇〇〇年前にディンゴが大陸にもたらされて以来のディンゴとアボリジニの関係を考えると、動物の家畜化は共進化的なプロセスであることがわかる。人間と野生動物の双方に利点があるから、徐々に緊密な関係が築かれるようになったのである。「捕獲して飼い慣らす」方法ではない。役畜は奴隷的存在よりも、ともに進化していくパートナーとみなすことができる。

スペイン人が新大陸に連れてきた馬がネイティブ・アメリカンのあいだで急速に広まったことも、馬の偉大な力の証左となる。産業革命以来、機械の力は「馬力」という言葉で測定されるようになった。この言葉の由来は、産業化の直前までヨーロッパでは役畜としての役割を馬が担っていたことにある。ヨーロッパでは、産業革命の前段階として、運搬や農耕の主役が牛から馬に移った。その結果、運搬や農耕の速度が速くなり、得られる動力も増加する。

牛は、荒れた牧草や樹木・灌木から得られる飼料を与えれば、働いた。それに対して馬は、牛よりも馬車や鍬を速く引くことができたが、良質の耕作地から得られる栄養価の高い餌(おもにエンバク)を必要とする。馬を用いる経済体系を支えるために、広い範囲でエンバクの単一栽培[12]が行われた。これが可能になったのは、海外の植民地から得られる食糧や繊維(羊毛・綿花)が地域の農業を補充していたからである。

安価な化石燃料や高度な技術が発展した今日ですら、役畜の重要性は変わらない。たとえばオーストラリアでは、非人間的な「規模の経済」の原理のもと、一人で三〇〇〇頭もの牛を管理しなければならない。オフロード・バイクが安価に手に入るにもかかわらず、労働生産性を上げるためには牧羊犬が欠かせない。また、ロボット工学は進歩したが、盲導犬や警察犬に変わるロボットは、経済的な理由からまだ実現していない。

さらに、小規模な森林管理であれば、馬は最新の小型トラクターに勝るとも劣らない。よく訓練された馬ならば、人間がつきっきりでいなくても丸太を引いて所定の場所まで運ぶし、途中で丸太が引っかかれば、その場で立ち止まって人間が来るまで待つこともできる。最新のロボットでも、森林の奥深くまで入り込むのは無謀だろう。スウェーデンでは、馬を最先端の軽量自動車や水圧技術と組み合わせている。これは、新旧技術の巧みな組み合わせと言える。

馬の使用が小規模な森林管理で広がらないのは、馬をきちんと飼育し、調教できる人間が少なくなり、コストが高いからだ。役畜については、よい話も悪い話もたくさんある。役畜の生産性および安全性を確保するには、血統や機具の質も大切だが、愛情とも呼べるほどの感情の交流が人間と役畜のあいだに築けるかどうかも同じく重要である。機械の生産性と役畜の生産性は、論理だけでは比較できない。有能な役畜と無能な役畜のあいだには雲泥の差があるし、相手がトラクターであれば農業従事者もそれほど献身的に向き合う必要がないからである。

メリオドラでは、バタン［フィリピンからニューギニア、オーストラリアに生息するオウム亜科（Cacatuinae）のオウムの総称。あざやかな冠羽がある種が多い］が果物やナッツ類に壊滅的な被害を与える。バタンは力強く、賢く、長生きし、群れで行動するため、撃退法はほとんどない。ネットで作物全体を覆うのは非常にコストがかかる。個人的には、長期的解決法として鷹匠の登場に期待している。適した種の、訓練された猛禽類を操れる鷹匠に報酬を支払い、実がなる時期に谷全体をバタンから守ってもらうのである[13]。

もっと実現の可能性は少ないかもしれないが、ヤブツカツクリ［ツカツクリ科の数種の鳥の総称］の利用がある。ヤブツカツクリをはじめとするオーストラリアのツカツクリ類は、類い希な鳥である。卵を孵化させるために、堆肥の山を築く性質がある。枯れ枝や落ち葉が材料だから、山火事の危険性は大幅に減少する。

一九八〇年代初頭、ニューサウスウエールズ州の南岸で、私はパーマカルチャー仲間のピーター・ブルーとともに、州の北部からやってくる飼い慣らしやすいヤブツカツクリを家禽化できないかと想像をふくらませたものだ。家禽化し、肉食動物から保護するためのフェンスを設置すれば、大規模なフード・フォレストに使えるのではないかと話し合った。ヤブツカツクリを繁殖させ、近隣の森林へ返すこともできる。ゆくゆくは家庭菜園でコンポストの山を作ってもらったり、卵や食肉の収穫も可能だろう。

私自身、動物と自然体で感情の交流ができる人間ではないので、自分自身の限界をわかっている。動物と効果的に協働できる人たちを尊敬する。そのような人びとは、エネルギー下降時代に、自然と人間との有用で密接な関係を保持する重要な役目を担うだろう。動物の訓練に際して、伝統的な知識や技法を最先端の非暴力的な思想と組み合わせる人びとや、簡単に利用できる既存の現代技術を用いて新たな利用方法を編み出す人びとは、在来種を守ったり、接ぎ木の技術を維持し続ける園芸家と同様、パーマカルチャーを行動で示している。

6　生態系の働き

動植物から直接に得られる消費型でないサービスは、より大きな環境や生態系サービスの一部である。このようなサービスは、非常に大規模に機能する。たとえば、大気の浄化や気候の安定、土壌の生成、地表・地下水系の浄化など、地球規模のものすらある。人間は、こうした連綿と続く自然の恩恵に浴している。そのことを際立って知らしめたのが地球温暖化である。環境会計のさまざまな手法による評価では、環境が地球に提供するサービスは、人間が地球全体で行う経済的生産よりも大きいとされている。

地域レベルでも、これまで機能していた無償の生態系サービスが過大な負担や濫用の結果、崩壊に至った。失われた無償サービスを代替するには、コストがかかる。そのコストを知れば、経済を自然から切り離して考えることがいかに馬鹿げているかがよくわかる。

浄水サービス

もっとも重要な無償の生態系サービスは、川の流れによる自然の浄水作用である（あるいは、「であった」）。産業革命以前、大きな河川の近くに住む人びとは、人間の排泄物も含め、不要なものを川に流した（わざわざ流さなくても、周期的な洪水によって流されたが）。まとまった量の水が流れれば、物理的・生物的な浄化作用のおかげで川下でも安全な飲み水を得られた。インドのガンジス川の宗教的な浄化作用は、巨大な河川がもつこうした側面の代表的ケースである。しかし、人口が増加し、有毒な工業汚染物質の流入量が増えたことで、河川は浄水能力を失い、人びとの健康にも悪影響がもたらされた。

およそ一〇〇年ほど前から、先進工業国では下水網が河川の機能を代替し、人びとの健康を守るようになった。ここ数十年は、環境技術の爆発的な進歩により、かつては無償だった生態系サービスが代替されたり保護されている。

最新の環境工学でも、浄水モデルとしては自然システムがもっとも優れていると認められるようになった。葦の密生地の人工的な造成や、リビングマシン［植物やバクテリア、菌などを使って、汚水を浄化するシステム］の設置などが行われている。とくにヨーロッパや北米では、そうした試みが盛んである。こうした技術の自然版と言えるのが湿地だ。皮肉なことに、もっとも優れた、かつもっともコストが低い浄化システムが発達しているのは、生態系が適応できる程度のゆっくりとした速度で下水が流れ込む湿地である。(14)

川辺の植生の遷移は、単なる生物的浄化プロセスが機能するような土木工事のデザインという側面にとどまらない。ある陸水学者［陸水学は、海水以外の陸地の水系について、物理、化学、地理、地学、生物学的に研究する学問］とともに、私は政府への提言で、川の水位が下がり、富栄養化している現実への対応を求め、いま川辺で行われている雑草の駆除や在来種の植林に異を唱えた。

ヨーロッパでは、柳が水の浄化に効率がよいことがわかっており、葦との相互補完性もある。ところが、オーストラリアでは柳の浄化作用についての研究をほとんど行わず、連邦政府は大規模な柳の除去に取りかかった。その後に地元で行われた研究によれば、柳の浄化能力はユーカリの一〇倍以上であるという。つまり、柳を除去すれば、水質の安定や向上には逆効果なのだ。繰り返しになるが、無償で目に見えないサービスの価値が理解されるのは、それが手に入らなくなったときである。

最近では、人工の湿地に関する研究が盛んに行われている。だが、その一方で、深くまで土壌の組成がしっかりしていれば、驚くべき浄化能力があることが見落とされがちだ。一～二mにわたる、水はけも土壌の組成もよいローム層や粘土ローム層は、下水に含まれる病原菌を死滅させる。さらに、粘土や腐植土から余剰な結合無機物を解放する。かなり評判の悪い浸透式浄化槽も、こうしたすぐれた土壌ではうまく機能する。土壌の組成や腐食要素の改善で、土壌全体の浄化能力が高まるからだ（一〇九ページを参照）。

コンポストが提供する微生物サービス

水洗トイレの問題は、大量の水に人間の排泄物を混ぜ合わせることにある。コンポスト式のトイレであれば、どこにでもいる微生物や、ときにはミミズなどを使って、厄介な排泄物を安全で役立つ堆肥に変えることができる。

ごみの埋立量削減の要請が強まっているため、家庭用コンポストや産業用コンポストが急速に広がってきた。コンポストを使うと、商品価値のある便利な有機肥料ができあがる。ミミズを利用する堆肥床も小さいものから大きいものまで利用が進んでおり、窒素含有量の多い水気を含んだ生ごみや酪農廃棄物も処理できる。キューバには虫を用いた大規模なコンポストが一七六カ所にあり、都市の廃棄物から有機肥料を作り出し、広範囲にわたる近郊農業プログラムで使用されているという(15)。

森林・土壌・河川・湿地など既存の自然システムは、人口密度が低く有毒物質が最小限に抑えられている状況では、あらゆる浄化サービスを行う能力がある。しかも、白色腐朽菌［木材に含まれ、非常に分解が困難なリグニンという高分子を分解し、腐らせる菌］などの自然界によく存在する微生物には、危険かつ分解しにくい化学物質も分解する種類さえある。

環境技術

非再生可能資源から得た富がすでに蓄積され、開発の進んだ先進国では、多くのエネルギー投入を必要とする機械的な手法よりも、葦床などのように人工的に管理するシステムのほうがましだと思われるようになった。だが、こうした最先端の環境技術が貧しい国に広まることは、まずないだろう。豊かな国で導入される環境技術のなかには、投入されるエネルギー量を考えると、環境破壊を防ぐというよりは、別な場所に問題を移すだけにすぎないと思われるものもある。

最近私は、溜め池と湿地をデザインするプロジェクトに関わった。目的は都市の洪水を吸収して自然浄化し、都市農業の灌漑に再利用することである。一つひとつの雨水排水口の下に小さな池を掘り、地元の野生の葦を植えた。郊外の道路からあふれた泥流や堆積物の大部分を葦がせき止めるだろうし、池はいずれ堆積物で埋まる。そうなれば、掘削機で葦と堆積物を掘り出して堆肥にし、樹木に与えればよい。掘り残した葦は再び繁殖して、システムを再生する。プラスチックなどは、堆肥が熟成した時点で手作業で簡単に取り出せるだろう。

一カ所の大きな雨水排水口では、葦用の池を掘るスペースがなかった。市当局は協力的で、評価の高い「CDS」という汚泥トラップの建設と維持を市の事業として行うと述べた。このCDSは、コンクリートと亜鉛メッキされた鉄鋼からできており、遠心分離作用を用いて水とごみを分離する。効果は非常に高い。ただし、技術開発にかかった初期投資はともかく、製造過程に投入されるエネルギーを考えると、このシステムを導入して河川からプラスチックや空き缶を取り除くよりも、散乱するままにしておいたほうが環境に与えるコストは低いかもしれない(16)。

次の章(原理6「無駄を出すな」)では、ごみを出さない方法を考察している。だが、自然は一見ごみを出しながら、システムを拡大したり強化する傾向があり、人間もそのおかげで、よりたくさんのものを手に入れられる場合がある。人間が自然の設定する限界のなかで生きていることに気づけば、自然から手にする豊かさのサイクルの強化が可能となる(原理12「変化には創造的に対応して利用する」(下巻)参照)。

自然への被害を防ぐためには、人間のサポートシステムや私たち自身を自然からますます切り離さなければならないというのが、現在の環境問題の通説である。しかし、この通説は、何世代にもわたって都市の豊かさが自然のサイクルと切り離されてきたことから生じた思い込みである。自然のモデルにもとづいた有益な環境技術の好例は数多い。人間と自然を分離して考えるという根底の思想は、哲学的にもエネルギー的にも間違っている。持続可能なシステムは、自然との緊密なパートナー関係から生じるものであって、自然のデザインを技術分野に取り込むことから生まれることはほとんどありえないことを理解する必要がある。「自然が一番よく知っている」

というスローガンは正しい。

（1）　ビル・モリソンは資源を次の五つに分類した。それは、この章の原理に直接関係のある視点を提供してくれる。①少量の使用ならば増加する資源、②使用による影響がない資源、③使用しなければ分解される資源、④使用すると減る資源、⑤使用すると汚染をもたらす資源。

（2）　製品の量もしくは価値が半分に減るまでにかかる時間を指す。

（3）　発言の根拠となる事実は以下のとおりである。オーストラリアの乳牛はクローバーや牧草（再生可能なプロセス）を餌に飼育される。投入される化石燃料は、リン酸肥料のほかフェンスや搾乳設備などで、それほど多くない。ヨーロッパでは、乳牛は牛舎に閉じ込められ、肥料を使い、餌は機械で収穫されて輸送される。イスラエルの状況はヨーロッパと似ているが、飼料を育てるために、化石燃料を使った灌漑用水を用いなければならない点が異なっている。

（4）　一九九〇年代に、テキサス州オースチンとテネシー州ナシュビルの据置型太陽発電システムに関して、ハワード・オーダムはエメルギー収支を計算し、エメルギーの産出費は〇・四一と〇・三六であることがわかった（一以下は損失を意味する）。対照的に、テキサス州の褐炭発電は二・一、ニュージーランドの水力発電は一〇であった。

（5）　米国の一日あたりの食物エネルギー代謝は二五〇〇キロカロリー、燃料消費量は二二万九〇〇〇キロカロリーである。

（6）　オーダムによれば、米国で一日あたりに消費されるエメルギーは石炭換算で五五万七五〇〇キロカロリーである。

（7）　鳴り物入りの水素経済が今後一〇年で確立できれば、水素に簡単に変換できる物質である。

（8）　ギャレット・ハーディンは、これを「コモンズの悲劇」と呼び、共有資源の過剰開発は避けられないとする。しかし、何世紀にもわたり、共有資源が過剰な開発を受けずに、持続可能な形で効果的に管理されている例は、さまざまな文化において多く存在する。

（9）　ビクトリア州中部のウォンバット・フォレスト（六万四〇〇〇ha）は、一八六〇年～九〇年にかけてのゴールドラッシュでことごとく破壊された。その後、一九三〇年代まで丸太の切り出しが完全に禁止され、継続的に薪やハードボード向けの間伐が行われた結果、価値が高く多様性のある森林が形成される。しかし、残念ながら、一九七〇年代以降、州政府の政策が変わり、成熟した森林から丸太やパルプ材が切り出され、手の入らない樹密度の高い区域が広く残されてしまった。

(10) とりわけ、ツツジ科やヤマモガシ科プロテア属の植物(アルブッスやバンクシア)に多い。とくに不毛な環境によく見られる植物(あるいは同属の植物)は、かつて肥料が投入されてリン酸の結合体が残存する土地からリン酸を取り除くのに有望である。これが将来の持続可能な農業において、一つの重要な側面となるだろう。よく使われる無機肥料のなかでも、リン酸がもっとも結合体を生成しやすい(大部分はリン化鉄やリン化アルミニウムとなる)。その結果、多くの農地や菜園がリン酸の貯蔵庫のようになっているが、適切な環境さえあれば、根粒共生菌による吸収によって耕作可能な農地に変えることができる。一方、余剰の窒素やカリウムは、気化したり土壌から浸出する傾向がある。

(11) ケニアの原産樹。樹皮が前立腺疾患の薬として売られたため、乱伐が危惧された。

(12) 農業や林業において、単一属(単一品種であることとも)の作物を広範囲にわたって栽培する方式。

(13) ヤラ谷でワシを用いて行われた実験では、ブドウ畑を害鳥の被害から保護できた。だが、オーストラリアの野生生物保護法のために、この方法はなかなか広まらない。

(14) スキーリゾートからの排水が一〇年以上にわたって流れ込むスレドボ[ニューサウスウエールズ州]の高原湿地について、一九八一年に大規模な調査が行われた。その結果、窒素もリンも非常に効率的に除去されていることがわかった。湿地の機能を強化しようという試みを通じて、湿地は共進化的なシステムであり、手つかずのままであるほうがよいことが明らかになった。

(15) キューバでは都市部でも農村部でも有機農業がめざましく発達しており、エネルギー下降社会への非常に優れた移行モデルとなっている。ソ連からの燃料・肥料・農薬の援助がなくなったために、政府が先手を打った政策や計画を行い、当初は考えもつかなかったような社会・経済・生態系がつくり出された。

(16) CDSには一基あたり三万五〇〇〇～七万オーストラリアドルを要する。一年間の保守管理コストは、資本コストの五～一二%程度だろう。

原理6

無駄を出すな

今日の一針《ひとはり》、明日の十針《とはり》
浪費せず、欲しがらず

1　自然を無駄遣いするか、それとも自然と交換するか

この原理では、伝統的な倹約の価値やモノを大事にすること、公害に対する主流社会の懸念、そして廃棄物を資源や機会とみなすやや急進的な考え方が、同じ土俵で論じられる。

現代生活を支える工業的なプロセスは、天然の物質やエネルギーを投入して有用なモノやサービスを得るモデルと特徴づけられる。しかし、このプロセスから少し離れ、長期的な観点から見ると、こうした便利なものすべてが最終的には廃棄物となり（ほとんどはごみ捨て場の中）、また、もっとも負荷の軽いサービスであっても、必然的にエネルギーと資源をごみ化してしまうような劣化を招くことがわかる。これを「消費と排泄」モデルと呼んでおこう。人間を単なる消費者かつ排泄者と呼ぶことは、生物学的ではあっても、生態学的とは言えない。

ビル・モリソンは汚染物質を「システム内の他のいかなる構成要素によっても生産的に使われない産出物」と定義している。(1) この定義は、汚染や廃棄物を最小限にとどめるには、すべての産出物が利用できるようなシステムをデザインすればよいという示唆を与えてくれる。多年生植物の多い菜園でカタツムリの被害への対応手段を尋ねられたとき、モリソンはカタツムリが多いのが問題ではなく、アヒルが足りないことが問題だと答えた。

ミミズはこの章の原理を象徴している。ミミズは植物の落葉・落枝（つまり、ごみ）を食べることで生き延びる。ミミズが食べたものは腐植へと姿を変え、腐植はミミズ自身や土壌中の微生物、そして植物のために、土壌環境を改善する。したがって、ミミズは、他のすべての生き物と同じように、あるものの産出物が他のものにと

っては投入物となるネットワークの一部なのである。

「無駄がなければ不足はない」ということわざは、物が豊富にあるときは無駄遣いをしてしまいがちだが、この無駄が後の困難の原因になるかもしれないということを思い起こさせる。「今日の一針、明日の十針」ということわざは、ごみを出さないように、そして大がかりな修理や復旧をしなくてもすむように、適時整備することの大切さを思い出させてくれる。

自然の中で一見不要なごみのように見えるものについて考えるとき、システム間のつながりという理解が役に立つ。原理4「自律とフィードバックの活用」で論じた三層の利他主義の考え方を用いると、ある有機体や生物種から排出されたエネルギーや資源は、下位システムおよび上位システムに位置する者に対して何らかの恩恵をもたらす。いわば税金のようなもので、それは外部システムからのエネルギーの流れを確保したり、環境の安定性を保つという形で自身に恩恵として返ってくる。だから、ごみのように見えても実は無駄遣いされているわけではない。

たとえば、植物は炭水化物を形成する主要な化学エネルギーのうち最大一〇%を根を通して失う。それは一見、エネルギーの無駄遣いのように見える。しかし、「失われた」炭水化物は、土壌の中で共生関係にあったり、あるいは無関係に生きている微生物の食べ物となっている。微生物を助けることによって、植物は微生物が作り出すミネラル分を得ているのである。つまり、実際には無駄とはならない。

落ち葉に含まれる養分は、土壌中の微生物によって植物の成長に役立つ腐植へと変わる。腐植は非常に豊かな土壌生態系の形成を促し、他の植物を活性化させる。落ち葉を生み出した樹木自身もまた、それから直接的あるいは間接的に恩恵を受ける。

他方、落ち葉は火事や溶出、侵食や他の植物との競合など、樹木にダメージをもたらす危険性も大きい。だから、樹木は葉を落とす前に、古くなった葉から無機質栄養素をいくらか抽出しておき、そうした危険に備えている。この栄養素の再生作業は植物の生体内部の機能であるが、そのためには代謝エネルギーと資源が必要になる。ユーカリの木は成葉からリンを抽出するのに長けている。なぜなら、ユーカリはリンの乏しい土壌で進化してきたからだ。ユーカリの葉は栄養分が非常に少なく、土壌には有害な油などの物質を含むため、(高エネルギーの)腐植が豊富な肥沃な土壌をつくるのには向いていない。落葉樹は腐植が多く含まれた豊かな土壌をより短期間に形成する。その理由の一つは、落ち葉の栄養分が他と比べて優れているからだ。[2]

同様に動物でも、食べ物から栄養分を抽出する際の効率は種によって異なる。カロリーや栄養分が高い食べ物を摂取する肉食動物や雑食動物(犬や鶏、人間など)は、草食動物と比べて栄養分の摂取効率がかなり低い。その結果、草食動物の糞尿はミネラル分の割合が低くなる。一九〇〇年当時、中国の農民は上海の外国人居住区に住むヨーロッパ人の下肥を買っていたが、もっとも高い値段をつけたのはドイツ人のものである。ドイツ人は他のヨーロッパ人と比べて肉の消費が多かったため、糞尿にも窒素やミネラルが豊富だった。[3] つまり、一般的な法則として、豊富なエネルギー資源に支えられた有機体やシステムは、おしなべて無駄遣いしているように見えるが、たいていは、より豊かに共進化したシステムを支えているのである。

無駄が富の潜在的な源泉であるとする考え方は、自然界のどこにでもあてはまる。自然界のどんな資源も時間が経てば、システムの共進化をとおして他のものにとってのエネルギー源となるからである。このプロセスには、入手可能なエネルギーや生物多様性、そして競争圧力などが関係する。

なお、資源が限られていた産業革命以前の伝統的社会では、最小限のごみしか排出されなかった。しかも、低コストで調達された生分解性のごみであったため、環境中に吸収されたり、再資源化されやすかった。

2　ごみを最小限にする

「拒否する(refuse)、減らす(reduce)、再利用する(reuse)、修理する(repair)、再資源化する(recycle)」というスローガンには、ごみ問題の解決戦略の優先順位も表されている。「拒否する」は、必要でない場合にはそもそも消費しないということであり、「減らす」というのは、消費回数や消費に必要な物質やエネルギーを減らすということである。「再利用する」とは、同じ目的で再び使うか次善の策を用いるということ、「修理する」は、最低必要な技術や資源を投入し、再び同じ目的に使えるようにすることを指す。最後に「再資源化」は、資源を細かく粉砕するなどしてより純度の高い物質や要素に変え、同じあるいは他の用途に用いるために資源の再加工を行うことである。

使用の拒否と削減

化石燃料に依存した社会が何世代も続き、富裕国においては「使用を拒否したり減らす」機会があまりにも増えてしまったため、「節約」は新たな資源と言われたりする。たとえば、電力業界がエネルギー効率のよい電球を奨励すれば、新しい発電所一基分に相当するくらいの需要が削減できるだろう。コンポスト・トイレや雨水貯水タンクなどで水が節約されれば、上水道用の新しい貯水施設が不要となる。

コストや競争の圧力が合理的な意思決定を促すため、産業・商業レベルでの「削減」革命はもっとも進んでいる。しかし、ごみの「拒否」や「削減」で最大の効果をあげられるのは、ぜいたくや無駄が自由や富と錯覚されがちな家庭や個人のレベルであろう。裕福な社会では、ぜいたくな消費は世代が進むにつれてエスカレートしていく。ある世代におけるぜいたくな消費は、次の世代では習慣になり、最終的には必要不可欠なものとして消費中毒に陥る。(質が劣るにもかかわらず)新しい衣服を買ったり、食卓の食べ物の半分を捨てたり、子どもたちが恐がらないように夜中に電気をつけっぱなしにしておくといった行動はすべて、ぜいたくが習慣を経て中毒となってしまった例である。消費中毒は世の多くの人びとを消費へと駆り立て、恵まれない人びとから必要最低限のものさえ奪い去る要因のひとつであるにもかかわらず、その影響が正当に評価されているとはいえない。

食べ物や薬、さまざまなモノ、メディア、そして娯楽は、たくさん消費するよりも減らすことで、人間の生活の質を改善する可能性がある。「減らすことで増やす」という考え方をもっともよく表す例である。社会や環境に大きな恩恵があるとわかっていても、政府が消費中毒から抜け出すための政策に乗り気でないのは、経済成長が過剰消費とべったり結びついて(つまり毒されて)いるからだ。

容器の再利用

焼成陶器の容器は、農業革命に必要であった重要な技術革新の一つである。エネルギー下降時代への移行において、工業的に生産された容器の再利用は重宝されるだろう。「次善の使い道」を採れば、最終的にそれがまったく使えなくなるまで、各利用段階で得られるエネルギーを利用し続けられる。たとえば、食品容器は再利用したほうがリサイクルに出すよりはるかにましだ。ところが、行政が実施するごみ削減対策では、「再利用」はあまり重視されず、ほとんどの場合「再資源化（リサイクル）」と混同される。

ほんの四〇年ほど前まで、一度使ったものを同じ用途で再び使用するのは家庭や商売で当たり前だった。牛乳瓶の再利用は、牛乳の生産量や流通範囲がそれほど大きくなく、名家庭で瓶がきちんと洗浄され、訴訟になるおそれもほとんどなかった時代には、うまくいっていた。(4) また、配達人が各家庭で牛乳を容器に注ぎ分けるという、瓶すら使わない配達方法がうまく機能した時代もあった。だが、これからのエネルギー下降時代に、この方法が秩序正しく復活することはないだろう。

大半の消費者にとって、無償もしくは安価な食品容器はごみだが、自給的な生き方をする人びとにとっては贈り物となる。こうした贈り物は、エネルギー下降の生き方を選択する数少ない人びとにとっては生活を支える施しかもしれない。すべての人にできないことは持続可能ではないという意見もある。(5) しかし、これらの革新的な行動を起こす先駆者たちが手にする恩恵は、適応への変革を加速するために必要なメカニズムであると私は判断する。容器の再利用には、かぎりがない。メリオドラで行っている容器の再利用と、次善の利用方法には、次のようなものがある。

①密閉可能な瓶は高熱で煮沸し、保存食やピクルスの容器に。

②買い物袋は、食料の保存やごみ袋に。

③（栓抜きが不要で、王冠をひねるだけで開けられる）ツイストトップではない古いタイプのビール瓶は、自家製ビールやジュースの容器に。

④卵のケースは、卵の保存や販売用に。

⑤段ボールや発泡スチロールの箱は、果物の保存や販売用に。

⑥プラスチックの植木鉢やポットは、再利用する。
⑦大型ガラス瓶は、(底を切り落として)畑のミニグリーンハウスや、つなぎ合わせてガラスのレンガに。
⑧フィルムケースは、種子の保存や地元の獣医からもらう薬の容器に。
⑨牛乳の紙パックは、植木鉢や植物の覆いに。
⑩オリーブ油が入っていた二〇ℓの缶は、栗を炒るときのかまどに。
⑪密閉蓋付きの二〇〇ℓのドラム缶は、穀物の貯蔵用容器に。
⑫ピクルスが入っていた二〇〇ℓのプラスチック製の樽は、液肥の保存用に。
⑬二〇ℓ入りのプラスチック製バケツは、畑で使ったり、動物の餌などの保管容器や便器に。
⑭積み重ねが可能な食べ物の持ち帰り用容器は、釘やネジ、その他の金具を入れる容器に。

なかには「リサイクル」(つまり再利用の)業者から買ったものもあるが、ほとんどは他の家庭からもらったものだ。というのも、私たちは市販の食品やその他の製品を最低限しか買わないから、数が足りないのである。

食べ物と水の無駄

私たちの食事もまた、無駄を省くための大きな機会である。食べ残しを次の食事にまわすというのは、もっとも重要で、簡単にできる行動変化だ。それでも残ったものは、堆肥にするよりも鶏の餌にしたほうがよい。鶏はごみを卵に変えるし、土壌を肥やす糞尿を与えてくれる。しかし、私たちの残飯だけでは足りないので、地元のレストランから生ごみを分けてもらっている(6)。同じように、きれいな水は風呂や衣服の洗濯に使い、それからオムツの洗浄、最終的に果樹に与えるというのがよい。

私たちの親の世代は、こうした単純な資源利用の優先順位を自然と身につけていた。だが、若い世代は、それが直感的にわかっていないということを前提としなければならない。

再利用の限界

裕福な社会では、不要なもの、捨てられたものを「再利用」する機会があまりにも多い。再利用やリサイクルに熱心になるのもよいが、次のような落とし穴があるので気をつけたい。

まず、集めたものが多すぎて、再利用する前に天候やシロアリなどによって劣化したり、置き場所を忘れることがある。これは、原理３「収穫せよ」でふれたように、エネルギー変換の効率性に注目するあまり、最大力を引き出せなくなってしまうことの一例である。

また、複雑な工業製品が無償で手に入ることを前提にデザインした場合、その供給が途絶えれば、解決法が適切でなくなってしまう。たとえば、かつて橋脚に使われた廃材を日干しレンガの家造りに再利用する方法は、「エルサム式」「メルボルン郊外のエルサムに一九三〇年代に造られた芸術家のコミューン、モンテサルバットで見られる廃材利用のゴシック建築」として知られている。それは、廃材が道端でごみとして焼却されていたころには、適切なデザインだった。しかし、廃材が良質な建材として重宝されるようになった現在では、三〇cm四方の材木を柱として使うのは無駄なデザインだといえる。

また、有機質のごみが簡単に手に入れば、シートマルチにして短期間のうちに菜園をつくることができ、優れた利用法だといえる。だが、たとえば、アルファルファなど良質な飼料となりうる干し草をわざわざ運んできて、広い面積の雑草管理に使うとなると、資源の不適切な使い方である。

修理とリサイクル

細胞のレベルから地域の環境にいたるまで、あらゆる自己組織的な生物体系には、ダメージを修復し、機能を回復するプロセスが備わっている。そのプロセスによって現存するシステムから無駄が省かれ、エネルギーや物質が確保され、新しい構造が必要になったときに、それらを使用できる。たとえば、切り傷の治癒には、止血から傷跡の組織の形成といった一連の複雑なプロセスが含まれる。同様に、植生や表土が傷つけられた場合、まず剝き出しの土壌でも生育できる植物が根を張り、しだいにはびこっていく。こうして土壌中の有機物の再生が始まり、やがて植生は修復されるのである。

伝統的な社会では、道具や家宝は壊れたらすぐに愛情をこめて修理された。大恐慌と第二次世界大戦の時代を生きた私たちの親の世代には修理する技術と献身的な心がまえがあり、それが節約という誇り高き道徳規範の大前提になっていた。今日の社会にも、節約の価値観は受け継がれている。とはいえ、それは大切なジャンパーを繕ったり、古い家具やビンテージものの自動車を時間をかけて修繕したりといった、ほんの一部の、大半は高齢者の献身に凝縮された形で見かけるのみである。

パーマカルチャーでは、「今日の一針、明日の十針」ということわざを手本に、価値あるものすべてに対してより現実的で時機を得た修復を行うことを提唱し、ゆきすぎた無関心と限られたモノの修復に対する過剰な執着心とのあいだにバランスを取り戻そうと試みている。だが、ほとんど新品と変わらない服がリサイクルショップでわずか数ドルで買える現実の前では、どんなに熱心な人でもこのことわざを言葉どおりに実践するのはむずかしい。とくに建物やインフラの維持管理は、修理の基本的な部分とサイクルという側面と密接に関わってくる。これについての詳細は本章の後半で詳しく見ていくこととする。

一方、リサイクルは、ごみを出さない手段のなかでもっとも過大評価されている。リサイクルは、製品化されたものをエネルギーを投入して素材に戻すことである。たとえば、ガラス瓶をリサイクルするには、ガラスを熱で溶かし、新たな瓶を作るために、エネルギーを投入しなければならない。リサイクルするよりも、ガラス瓶をそのまま再利用したほうがずっとよい。

すべての生態系において、ミミズのように分解能力をもつ生物が有機物を腐植や土壌中のミネラル分へと変換し、それを植物が吸収する。その変換過程で、ミミズは自らの生命の維持と繁殖のためのエネルギーを得ている。これは、再利用と修理を経てエネルギーを使い切った後に採るべきリサイクルの完璧なモデルである。今日、多くの製品が、毒性があって分解しにくい物質を原料とするのではなく、無毒で生分解可能な物質を使う方向へシフトしている。これは、生態学的な原則にもとづいた技術革新のもっとも大きな成功例であろう。

3　産業モデル

移行期の戦略としての産業的なリサイクル

最近は産業におけるリサイクルの効率と技術の向上によって、埋立地のごみの山が多少は減ってきた。しかし、リサイクルの原料は少量で各地に散在しているため、エネルギー価格が上がると集めるための輸送コストが大きくなる。したがって、規模の大きな集約的リサイクル事業への新規参入の可能性は限られるだろう。同時に、家庭菜園の堆肥にされる家庭内で行うリサイクルの原料も、しだいに入手がむずかしくなるだろう。

ますます多くの企業で、これまでは浪費されていたものを活用できるようにするデザインの見直しや、統合的なデザインの導入が始まっている。たとえば、農村や都市から出る植物性廃棄物を燃やして発電する新技術(流動床燃焼)が稼働を始め、ごみの埋め立てと温室効果ガスの生成の減少に貢献している。ある集約的な養豚場では、豚の糞尿からメタンを生成して必要なエネルギーを作り出すとともに、堆肥の商品化にも成功し、それが環境保護への進歩的なビジネスのデザインであると認められ、賞を受賞した。

ごみと汚染を減らしながら、その一方で経済的な利益を生み出すこれらの例は、賞賛に値する。しかし、それらは、現存するごみに依存しており、真に持続可能な技術への移行期間にのみ有用な暫定的技術である。ごみの量そのものが減少すれば、これらのリサイクルシステムは機能しなくなり、前述した橋の建材や菜園のシートマルチと同じような結末になるであろう。

都市から出る植物性廃棄物を菜園や地域の環境が利用できるのは、富裕な都市がそれらをごみとして排出するからだ。もし、都市がパーマカルチャー式にデザインされていたならば、植物性のごみはごくわずかになるだろう。森林廃棄物を効率よく燃焼する技術はまだ使い道があるかもしれないが、そもそも森林からごみが出なくなれば、現在受けている環境的・エネルギー的な恩恵は減少する。

養豚の場合、集約的な養豚場はあまりにエネルギーと資源が集約的であり、将来は経済性がなくなるだろう。つまり、現在、最先端の環境技術に見えるものは、単にシステムの欠陥にバンドエイドを貼り付けただけの、その場しのぎの解決法にすぎないかもしれない。デンマークで行われている豚の放し飼い経営に関する最新の研究によれば、自由な移動と自然な行動が許された豚に濃縮飼料を与えた場合、高価な豚舎で飼育された豚と同じくらい生育が早いことが明らかになっている。現在のようなエネルギーや資源が安価に手に入る世の中でも、集約的な養豚経営者は高価な技術や施設への投資のために借金に苦しんでおり、そうした研究成果は耳を疑いたくなるにちがいない。

これらの事例は、上流のデザインを改善すれば、下流でそのごみに依存する産業から資源を奪ってしまうことを示している。また、より一般的で根本的な解決法があれば、デザインのゆきづまりが避けられることもわかる。あるデザイン戦略や解決法が大規模なシステム（社会や広域な環境など）にどのような恩恵と損失をもたらすか、少なくとも質的に考慮すれば、これらのゆきづまりは避けられるだろう。（菜園や養豚などの）ごみを生み出す要因の捉え方そのものが解決法を圧迫していないか、性格を本質的に改めて見直すこともできる。

第二の産業革命か？

産業革命は、人間の労働生産性を上げた。それは、技術と安価なエネルギー、そして原材料の調達が飛躍的に労働生産性を向上させた繊維産業で、もっとも顕著であった。

今日、化石燃料と他の有限資源が減りつつあり、また土壌や森林、魚介類などの再生可能資源が急速に枯渇していくなか、電気一kW、鉄一トン、木材や水一㎥をいかに効率的に利用するかが緊急課題となってきた。同時に、科学やビジネス、技術といった分野における技能と労働力は豊富に存在する。

産業生態学は最近一〇年間で研究されるようになった分野であり、産業のあり方を新しくデザインするうえで、急進的な概念に枠組みを与えるものだ。エイモリー・B・ロビンスなどのグリーンテクノロジー楽観主義者は、製造業の再編を生み出すのは（二分の一のエネルギーと資源で生産を倍増するという）「ファクター４」的な改善、さらには（一〇分の一のエネルギー・資源の投入で生産が一〇倍になる）「ファクター10」のような例が、市場の圧力から急速に生まれると説く。ロビンスは、統合、フィードバック、廃棄物ゼロといった自然のデザイン原理（パーマカルチャーの原理と同じ）を工業やビジネスの現場に適用し、環境へのダメージや資源の使用量を減らしながら物質的な豊かさを増幅する、第二の産業革命が進行中だと主張している。

他方、省エネの奨励が数十年にわたって続いた現在でも、工業社会はいまだに経済成長の糧をエネルギーと資源の消費に大きく依存している。米国ではそうした公共政策がとられなかったにもかかわらず、ロビンスの言うようなソフトエネルギー路線にぴったり合う形で、エネルギーや資源消費の伸びを抑えながら経済成長を続けられたのは、一九七〇年代のエネルギー危機以前、産業が無駄だらけだったからである。削り去られるべき無駄な贅肉がありすぎたのだ。オランダや日本では技術的・経済的な効率性をより以前から達成しなければならなかったため、すでに削る贅肉がほとんどなかったというだけだ。

ただし、米国経済が省力化に成功した理由はほかにもある。第一に、エネルギー集約的で環境汚染を引き起こす重工業をメキシコなど貿易相手国へまとめて移転したこと。第二に、爆発的に発展する電子取り引き（eコマース）など情報工学分野における世界支配。そして第三に、「モノとサービス」よりも、犯罪、防犯産業、訴訟、必要でもないことにまで手を出す医療などの「害悪と悪徳」を提供する経済分野の急成長である。

なお、グリーンテクノロジー楽観主義者が思い描く生産性の大幅な向上は、より根本的なデザインのパターンと統合の能力に依存している。これらは、原理7「デザイン——パターンから詳細へ」と原理8「分離よりも統合」（下巻）で説明する。

ファクター4やファクター10の改善という見込みに胸は躍るが、ロビンスが抱く高度に集権的な資本主義的生産様式へのあからさまな信頼は、分析が欠けており、歴史が軽視されている。資本主義は、ときには広い意味での公共の概念によって制約を受けることもあったが、その歴史を通じて消費と無駄を原動力にし続けてきた。何の制約も受けずに、集権的な資本主義が無駄のない環境に恩恵を与えるようなものに根本的に変化するというのは、幻想にすぎない。

燃料価格の上昇にともない、新しいハイテク省力技術は噴出するにちがいない。しかし、新技術に資本と新しいエネルギーの莫大な投下が求められるのは、ちょうど大規模なエネルギー産業（石炭、石油、天然ガス）が純収益の減少を補うために巨大な資本を必要とするときである。一九九〇年代の終わりごろにカリフォルニア州で発生した電力危機は、こうした資本の奪い合いのダイナミズムの一例を示した。あの出来事は、移行期における資本やエネルギー資源の充足をめぐり、資本とエネルギー資源の獲得競争が起こることの予兆だったのかもしれない。

産業能率と人間の工夫

ハイテク企業がエネルギーや資源利用の効率化を進めていけば、高エネルギー消費社会から抜け出す足がかりとなり、耐久性を重んじ、ハイテクではなくローテク（低技術）による低エネルギー社会の枠組みをもたらすことになるかもしれない。このような大規模な改善が現実的か否かを測る手法をめぐっては、論議が分かれている。これは、再生可能エネルギーをめぐる議論と同様である（原理5「再生可能資源やサービスの利用と評価」で述べた、太陽光パネルの効率性を解釈するためのエメルギーなどに関する議論を参照）。

人間の発明の才能やデザイン力、そして文化は、第二の産業革命をもたらすための重要な鍵だと思われている。だが、エメルギー収支によれば、人間資本や社会関係資本はそれ自体、化石エネルギーの産物である。情報をベースとした社会関係資本は、物理的なインフラに比べて、より柔軟で耐久性をもっているものの、他のエネルギーと同様に、時間とともに劣化は避けられない。つまり、現在起こっている数々の輝かしい工業的技術革新は、半世紀にわたる社会民主主義的な政策、教育、福利厚生などの当然の帰結であり、それが過去二〇年、より自由放任的な資本主義と個人主義によって洗練されたにすぎない(原理12「変化には創造的に対応して利用する」(下巻)参照)。

技術革新の可能性がまったくないとは言わないが、現在の成功の源である社会関係資本を枯渇させないためには、これから数十年間、莫大な資源の投資が必要である。(7) パーマカルチャーの観点からすると、いまある人間資本と社会関係資本のほとんどは、大規模な技術的・産業的な問題を市場資本主義の枠組みで解決するように形成されている。社会的・環境的に意味のある目標が設置されても、養育のプロセスや文化に根強く残る固定観念のために、これまでの問題は解決されるどころか、再びつくり直されてしまう。

これがいかに克服しがたいことであるかを知るためには、軍事研究に携わる多くの科学者と技術者を考えてみればよい。可変翼付き超音速戦闘爆撃機の小さな部分の設計に生涯携わってきた航空宇宙技師は、それに代わり、どんな意義のある仕事が見つかるだろうか。当座の転職や雇用の問題だけではない。というのも、人間社会はこれまで工業的な効率を支えてきた資源を使い果たしたずっと後も、生活の糧をもたらし続けるシステムを設計し、管理しなければならず、それに必要な考え方や技術を培うために、社会の富を投資し続けなければならないのだから。

4　耐久性と維持管理

エネルギーと経済の縮小期への移行にあたり、建物などの物理的インフラの維持管理は、ハイテクを利用した省力化戦略と同じくらい重要になる。維持管理は魅力に乏しい活動で、後回しにされがちだが、すべてのシステムを維持するのに欠かせない作業だ。修理は急な損傷に対する一時的な解決法である。一方、維持管理とは、内包されたエネルギーの貯蓄が徐々に劣化していく〔熱力学の第二法則〕のに対し、事前に計画性をもって先手を打つことだ。生物システムのような自律的な維持管理機能をもたない建造物にとって、価値の劣化はもっとも顕著な問題である。

ヨーロッパには、とくに建造物について、耐久性や恒久性に重きをおく伝統がある。『三匹の子豚』〔藁や木の枝で造った家はオオカミに襲われ、持ち主の子豚は食べられてしまうが、レンガ造りの家の子豚は助かったという、昔から伝わるおとぎ話〕は、耐久性を尊ぶ価値観が文化のなかに深く埋め込まれていることを示している。ゲルマン文化やスカンジナビア文化における職人気質や、維持管理と耐久性に対する関心の高さに比べると、オーストラリア人の価値観は遊牧民族のそれに近いのかもしれない。ノルウェーには、世界最古の木造建築物のひとつがある。スカンジナビア半島の農村には、木造農家の外壁に自家で松脂から蒸留して作った樹脂を塗る慣習がある。これは必要だからというよりも、むしろ儀式として行われる場合のほうが多い。

また、日干しレンガは必ずしも耐久性に優れた建築材ではないが、米国のニューメキシコ州プエブロ・デ・タオスにある築九〇〇年の日干しレンガ造りの建物は、世界でもっとも長く人間が継続して住み続ける建造物だと言われている。さらに、地中海地域の石垣造りの段々畑は永久に存在する景観のように見える。もっとも、小規模農家の世代交代が進まないなかで、こうした不利な条件の農地はだんだん放棄されてきた。維持管理を怠れば、大規模な土砂崩れが起こり、やがては森林に戻るだろう。東南アジアに見られる眼を見張るような広大な棚田群も、維持管理が放棄されれば、破局的な損害が引き起こされるだろう。

現代人は、維持管理を行わなくても人工環境を維持できる、あるいはそうであるべきだ、という妄想を抱いている。この妄想は、最近のぐうたらな家主だけがもつものではなく、巨大な公共建築物にも潜んでいる。保全管理工学には輝かしい未来がある。建造物や公共インフラの維持管理や再建のコストを軽減するためには、資源をもっと投下し、革新的で創造的な解決法をとらざるをえないからだ。

エネルギー下降時代に、エネルギーや資源が安価な時代に造られた建造物やインフラの大群をさらなる資源を用いて再建するのは、とてつもない重荷となるだろう。これに対して、維持管理に必要な労力は比較的安い。仮に、すでにそれらの建造物が修繕されずに壊れかけていたら、労働力を投入しただけでは手の施しようがないかもしれない。図16は、維持管理の努力や資源の投入によって、建造物の価値がどこまで回復できるかを示したものである。右側の図には、適切な維持管理を怠ると修復に膨大な労力や資源を投入するはめになる状況が描かれている。

こうした危機的状況は、公共建造物が民営化・企業化され、維持管理の必要性が軽視され、その予算や人員が削減されるために生ずる。多くの国で、建造物の機能が低下し、致命的な事故が多発するのは、適切な維持管理が行われていないからだ。こうした事故をきっかけとして、民営化に批判の目が向けられるようになった。だ

図16　インフラの劣化と維持管理

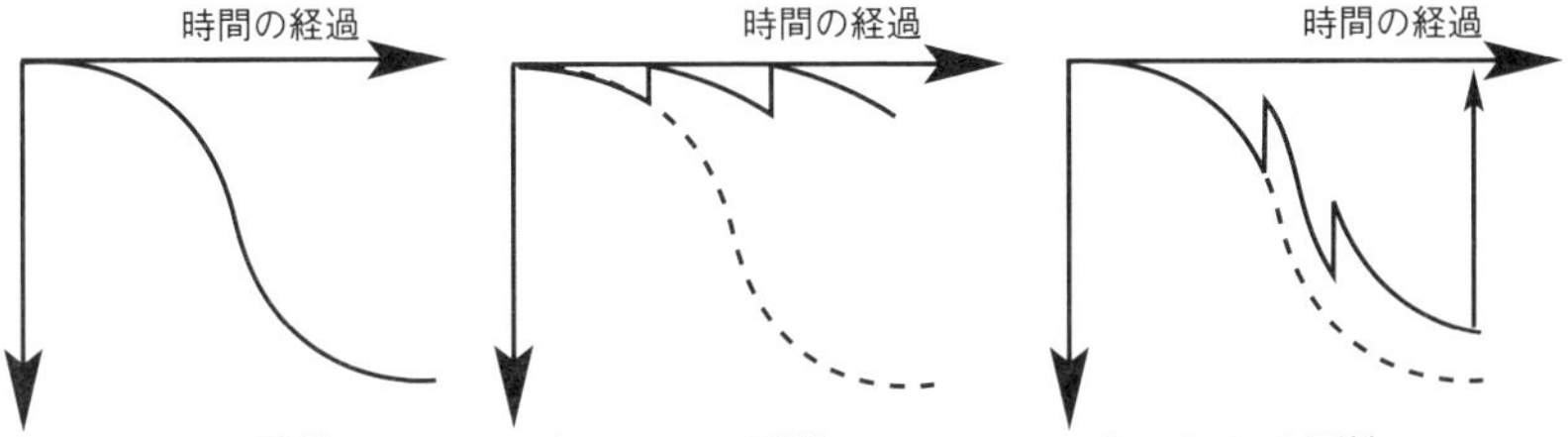

（注）Dr Lex Blakey の論文（Ecos, No. 61, Spring 1989, CSIRO）にならっている。

が、これらの事故は不十分な維持管理がもたらす膨大な問題の氷山の一角にすぎない。大半は、将来の納税者、株主、そしてサービス利用者に引き継がれるのである。

新自由主義経済が大規模な維持管理不足をもたらしたように、個人の住宅でも維持管理には関心が低く、十分な努力がなされているようには思えない。対照的に、家のリフォームは余分な資金の魅力的な使い道と思われている。基本的な維持管理を軽視する理由はいくつか考えられる。

①自宅での仕事や余暇にほとんど時間を割かなくなった。

②引っ越しが頻繁になり、家屋について長期的に考えなくなり、家屋を大事にする価値観が衰えてしまった。

③建物の状態にほとんど関係なく不動産価値が継続的に上昇している。

④維持管理に対する職業的倫理や伝統的価値観が薄れた。

私たちは、一九六〇年代から八〇年代に建てられた住宅は長持ちしないことを知っている。現代建築の耐久性の低さは、建築水準の低さに求められがちだが、少なくとも部分的には維持管理の不足が原因だ。『How Buildings Learn（建物はいかに学ぶか）』という本でスチュアート・ブランドは、新旧の写真を使って、所有者、居住者、そして自然が建物にもたらす変化をたどった。建物が時間を経て進化するとき、それが維持管理されているかいないかが一つの大きな要素であることをこの本は物語っている。ブランドが維持管理における悪夢として取り上げるのはパリのポンピドー・センター（一九七九年完成）だ。

「ポンピドー・センターは建築における金字塔であり、エッフェル塔と並ぶ観光名所とみなされている。しかし、優雅な風格を生み出すのに、エッフェル塔（一八八九年完成）は骨組みを堂々と表にさらけ出したのに対して、ポンピドー・センターはそれをパイプやダクトなどの機能を表に出すことで達成しようとした。鉄の骨組みは風化に耐えるが、ダクトやパイプはいくら派手に塗りたくってもダメだ。エッフェル塔は、骨組みは外に見せてもお洒落でありうるというメッセージを建築界に発した。ポンピドー・センターのほうはこうだ。何があっても建物の機能は外に見せるな」

維持管理の大切さの認識は、本章の原理がもっとも強調したい事項の一つである。図16は、維持管理の不足が、建造物の価値と機能を喪失させ、多大な無駄を生み出す「隠れた放蕩者」であることを雄弁に物語る。原理12「変化には創造的に対応して利用する」（下巻）では、長もちはしないが容易に再生可能な物質を用いた代替戦略について述べる。

5　無駄とされる有害な動植物の利用

自然が自己再生してもたらす豊かさの低下に対する懸念が頂点に達している時代にありながら、それに匹敵する懸念が有害な動植物の過剰繁殖に対して向けられているのは皮肉である。有害な動植物が裕福な国で問題視される理由には、次の二つが考えられる。

第一に、農業の集約化が進み、（直感的には逆だと思われるかもしれないが）条件の悪い耕作地での無理な栽培が放棄された。このため、自然はこれまでの数世紀に例のない勢いで（在来種であるか外来種であるかを問わず）再生するようになっていく。また、集約的農地や、観賞目的やレクリエーションのために使われる土地に投入される水や養分も増えた。野生種はその余剰を抜け目なく使い、繁茂しているのである。

第二に、望まれない動植物が増えた背景には、経済的・社会的要因も複雑に寄与している。都市型のライフスタイル、福祉のもたらす安心感、安価な食品や天然資源、農業従事者の減少といった要素が、野生種の収穫や利用を減らし、管理をおろそかにしている。

野生の動植物が生活に役立たなければ、土地の管理者、環境保護論者や社会一般は、その繁殖を新たな汚染とみなすようになる。これに対してパーマカルチャーでは、野生種をより創造的に効果的な方法で利用するデザインを常に模索する（原理３「収穫せよ」参照）。有害な動植物の過剰繁殖は、絶好の機会なのだ。それらを利用すればするほど、事態はよくなる。

「問題のなかに解決法がある」というスローガンは、無価値と思われるものを独創的に利用する必要性を訴えている。たとえば、オーストラリア内陸部の川で害魚とされる鯉を獲り、肥料にする試みは、正しい方向性にはちがいない。ただし、長期的には、肥料にするよりも、もっと価値の高い家禽飼料などに利用するべきだ。そして、人間が鯉を食べるのが、もっとも好ましいコントロール方法であろう。ただし、社会がもっと貧しくなるか、多くの人びとに好まれる魚のストックが激減するような状況にでもならなければ、鯉を食用にはしないだろう。鯉の繁殖自体は、内陸部の河川における藻類の過剰繁茂の結果である。それは、農場に施された肥料の流出、生活排水の流入による河川の富栄養化や水中の堆積物の増加が原因である(8)。

自然界に有害動植物を広げた人間の営みの認識も大事だが、それを人間の必要を満たす新たな機会として捉え、自然界のバランスを回復すれば、人間は自然と調和できる。歴史的にそうした役割を担ってきたのは、罠を仕掛けてウサギ狩りをした人びとのように、社会から疎外され、蔑《さげす》まれた人びとだった。私たちはそうした見方を改めなければならない。社会が本当に環境に対する関心に目覚めたなら、厄介ものを上手に活用して生活を営んでいる人たちを、はみ出し者扱いするのではなく、模範として認め、尊敬するべきである。

6 無駄にされている人材

おもに裕福な国では、学校教育をきちんと受けた人たちの才覚は社会関係資本として認知されている。しかし、その才覚は、貧しい国で伝統的な暮らしをする人たちや農村の人びとがもつ知識や能力と比較すると比べ物にならない。現在のグローバルな経済は、それらの人たちがもつ技能の価値を引き下げた。せいぜい、無知で無能な工場労働者予備軍とみなされるくらいで、彼らがもつ知恵を生産的に活用する機会も失われてしまった。

地球全体では、地域文化を実際に経験したり、家族の誰かが経験した記憶があったりして、再生可能な地域資源に依存して生活する人が大半である。これらの人びとは、工業的な豊かさという名の列車に先を争って乗り込もうとしている。それは主として、農村から都市への人口移動という形で表れる。現金所得はたしかに増えるものの、測ることのできない豊かさとの絆は立ち切られ、そして身につけていたもっとも利用価値の高い技能や社会的価値観を捨て去るのである。

私は第三世界の農村の貧しい人びとを美化するわけではない。彼らは、ある意味で前述の航空宇宙技師の対極にあるものの、伝統や経験のなかに暮らしてはいても、地球規模のエネルギー下降について理解する術をもたず、偏見と非現実的な期待に満ちているという点では変わらない。だが、彼らを世界でもっとも貧しく無能な人びとだと考えるのは間違いである。世界の貧しい人びと、とくに農村の貧困層は侮蔑され、評価は低い。しかし、エネルギーが枯渇していく時代においては、彼らはもっとも貴重な人材であり、人的資源の宝庫になり得ると、私は考えている。人的資源に対する偏見は、深刻な不正義であるだけでなく、非常に愚かで、非効率的だ。世界の貧困問題に先進的に取り組む小さな非政府組織（NGO）には、意識的であれ無意識的であれ、以下のようなパーマカルチャーの原理を生かしているところが多い。

①天然資源を無理に収奪せずに人間の必要を満たし、文化的な知識を保つような、地域に根ざした暮らし方を受け入れ、支援する。

②現在評価されていなかったり無駄に使われている、地域の人材と天然資源を見出す。

③新しい品種や道具、物質などをなるべく外部から持ち込まない。持ち込む場合は、地域の伝統的システムに組み入れられ、かつ地域の人びとの技術や資源で維持管理できるものにする。

このように取り組めば、過小評価され、時代遅れで非効率的と揶揄されてきた伝統的な知識のよさを再評価するという副産物が生まれる。伝統的な知識が過小評価されてきたのは、次のような要素が複雑に絡み合った結果である。

①伝統社会で有効に機能していた知識のいくつかは、人口過剰、戦争、資源枯渇といった社会変化のために、

機能しなくなった。

②そうした知識がすでに死に絶えゆく言葉で語られることが多く、若者たちには理解がむずかしい。

③広告や政府の宣伝を通じて、新しい方法が奨励され、伝統社会の知識は時代遅れと映る。

④伝統的知識をもつ人たちは、外の世界のすべてが豊かであり、近代化していると錯覚する。

第三世界で開発プロジェクトに関わったパーマカルチャーのデザイナーの大半は、自分たちの貢献よりも学びのほうが多いと感じている。ビル・モリソンは、自ら食べ物を得る方法を教えてもらうために、伝統的な持続可能社会で生きる術を身につけた人びとを西洋社会に招くべきだ、と刺激的な提案をした。彼が言わんとするのは、伝統的な持続可能社会の保全や活性化はチャリティーではなく、地球社会が生き残るための道筋であるということだ。

私自身は開発プロジェクトに携わった経験はないが、一九九四年のイスラエル訪問時に、ネゲブ砂漠のベドウィン族の共同体の人びとにメリオドラのスライドを見せながら話をしたことがある。このときの経験は、ややや恥ずかしいものであった。

その共同体は、近代化された社会の外で伝統的な生活を残そうと努力していた。ほとんどの人たちが地元で働き、物質的な豊かさとは無縁な暮らしをしていたのである。先祖伝来の土地に家を建てようとすると、政府に邪魔され(ときには破壊もされる)ていた。私はオーストラリアから来た「有名な生態学者」というふれこみだったから、金持ちの一人だと思われていた。最初のスライドで私たちの日干しレンガの家を見せると、歳老いた男性が興奮した身振りで「おい、ベドウィンの家だぞ」と言った。土はネゲブ砂漠の伝統的な建築材料だからだ。おそらく、外国人の「学者」が土の家に住んでいるという事実を知り、どこかの工場で作られた建材よりも伝統的な建材を若者たちが再評価するきっかけになったかもしれない。

こうした状況において外来者が非常に有益な影響を発揮できる可能性は、長期間にわたってお互いの信頼と敬意を形成するような付き合いができないかぎり、かなり限られる。とはいえ、人びとが伝統的な技術を保ち、家庭や地域の自給自足経済を少し補うような収入を得られる自助開発プロジェクトやフェアトレード運動は、人びとが自立的に生活する力を強化するとともに、裕福な国々のグローバル企業経済からの分離を促すものである。

図17　ワイングラス状のグローバル経済

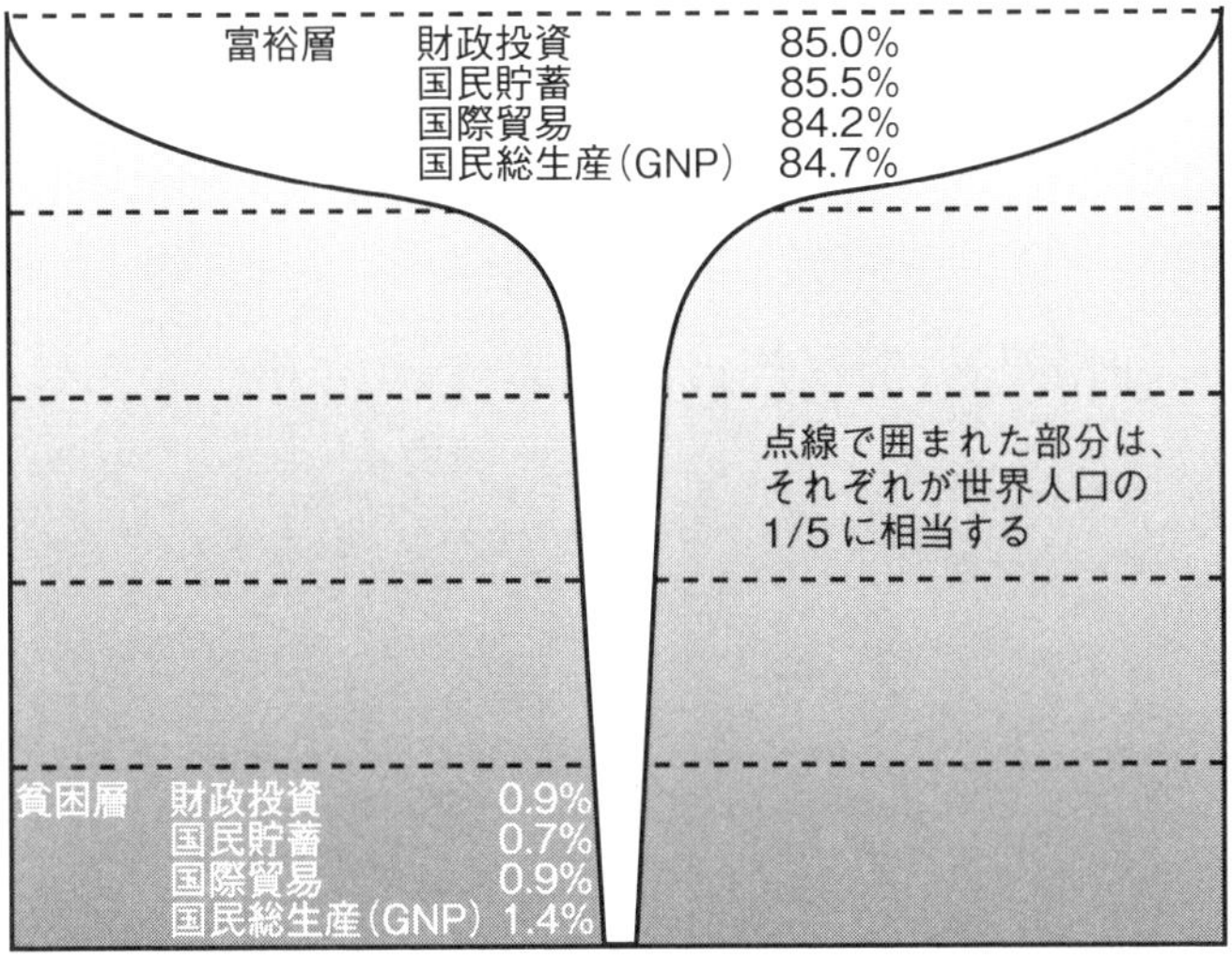

（出典）“Human Development Report 1992”, UNDP.

直接的にこうしたプロジェクトに携わっていなくても、先進国にいながらにしてもっと力強い支援を行うことができる。それは、自分たちの家やコミュニティで同様のプロセスに携わることだ。私たち自身がもっと自立していけば、次のようなことが可能になる。

①企業のコントロール下にある第三世界からの搾取的輸出品の需要を減らす。

②他力本願なグローバル文化に対抗する自立の意味が鮮明になる。

③経済的に豊かな国とそうでない国がワイングラス状に両極化している（図17）アンバランスな世界経済を徐々に是

表2　おもな国の１人あたり年間エメルギー使用量

国	使用量
インド	1
世界平均	6
ブラジル	15
米国	29
オーストラリア	59

（注）単位は（x 1015 太陽エムジュール／年）［エメルギー収支では、価値を計るのに、それを生み出すためにどれだけのエメルギーが使われたのか計算し、太陽エネルギーに換算する。単位はソーラー・エムジュール（sej）とも呼ばれる］。

正するために、発展途上国に流れる資金のフローを促す。

経済のワイングラスは測定可能な経済力の差が驚異的に大きい状況を示しているが、経済的価値のつけられていない環境サービスの価値を考慮に入れると、その差はこれほど極端ではなくなるだろう。そうした非経済的価値は急速に失われてきているものの、農村の貧しい人びとは、（自給自足の農業や狩猟などをとおして）経済的価値をもたないモノやサービスに比較的よく接している。

表2は、それぞれの国における一人あたりの年間エメルギー使用量である。国単位のデータであるため、経済のワイングラスとの直接的な比較はできないが、それぞれの国の、真の豊かさが描き出されている［消費できるエメルギー量が多いということは、太陽エネルギーや自然の恵みが豊かであることを意味する］。ブラジルは発展途上国であるが、エメルギー使用量は世界平均より多い。これは、ブラジルなどの発展途上国では自然がもたらすサービスが非常に豊かであり、しかも、ブラジルでは有限資源の採掘が行われてきたことを反映している。オーストラリアが非常に大きい値となっているのは、人口が少ないためである。

オーストラリア人は海外旅行から戻ると、自分の国がもっとも住みよいと口をそろえて言う。これは、あながち盲目的な愛国主義の発露だけではない。この国は、その富をもっと有効に利用できる計り知れない可能性を秘めている。

7　ごみとの付き合い方

一九九四年にイスラエルを訪れたとき、建物や自動車が適切に維持管理されていないうえに、道端や田舎の至るところにごみが投棄され、ごみ処理や汚染についてのあまりに無神経な対応にショックを受けた。だが、イスラエルはもちろん中東の国であり、ヨーロッパには属していない。したがって、私たちが当たり前と思っている西欧の感性は当てはまらない。前述したような対応をする人びと（新興工業国では当然のようになっているが）は、環境に対する関心が生まれるほどに教育を受けていないとついつい結論してしまいがちだが、複数の現地住民から別の指摘も受けた。

「現代的な生活がごみと無駄と汚染を生むなら、それを隠したり無視しようとするほうが、子どもじみていて愚直だ」

こうした見方をすれば、排気ガスを撒き散らす車の群れに限りなく近い窒息しそうなオープン・カフェでコーヒーを飲むイスラエル人やギリシア人のほうが、美しくて清潔な緑あふれるストックホルムの街で、ストロンチウム90や環境ホルモンを心配し、口にする有機食品が遺伝子組み換え農産物によって汚染されていないかと気にかける裕福なスウェーデン人よりも、現実的な世界を生きているのかもしれない。

「無駄を出すな」というパーマカルチャーの原理は、中庸の精神をもって地球に負担をかけずに住む大切さを訴えつつ、好ましくないものが数多く存在するときには、それを生活の糧として受け入れ、利用していくことも提案している。気功の呼吸法では、透明で白い光を吸い込み、有害な黒い煙を吐き出すというイメージを想像するように教えられる。これは、現代の環境的見地からの良識にやや反している。しかし、気功の教えは、天空に浮かぶ蠍《さそり》がその黒い煙を糧とするということであり、ごみを全体論的に捉えているのだ。

(1) ビル・モリソン、レニー・ミア・スレイ著／田口恒夫、小祝慶子訳『パーマカルチャー――農的暮らしの永久デザイン』農山漁村文化協会、一九九三年。
(2)これは、落葉樹が肥沃度の低い灌木土壌に野生の根を張るオーストラリア南部にも当てはまるようである。
(3) F・H・キング著、杉本俊朗訳『東アジア四千年の永続農業』農山漁村文化協会、二〇〇九年。
(4) 牛乳瓶が何に使われたかということに対する懸念がきっかけとなり、再充塡の前にエネルギーを多用する洗浄システムが採用されるようになった。これが、パック入り牛乳のほうが環境に優しいと思わせるようになった原因である。
(5) もちろん、この議論は、使える解決法は誰にでも利用可能であるという仮定にもとづいている。しかし、多様性の原則によれば、エネルギー下降社会ではグローバル規模の大衆的解決法から多様でローカルな解決法への移行をもたらすことになる。
(6) 採卵用の鶏にとって、炭水化物が多く含まれた餌の大量摂取はバランスを欠くかもしれない。豚は伝統的にこうした廃棄物の消費者である。家庭ではたいていの場合、ミミズ・コンポストが最適なシステムだ。質のよい堆肥ができるし、タンパク質が豊富なミミズの残りは家禽に与えられる。
(7) オーストラリアの教育や研究開発に対する投資の危機的状況は、この問題のもう一つのわかりやすい例である。
(8) 河川の堆積物の増加は、とくにマレー川の場合、夏季に灌漑用運河として大量の水が流されることによる河岸の浸食が原因となっている。

〈日本語版を作り上げた人たちの自己紹介〉

福本裕郁《ふくもとひろふみ》（マネージャー）・福本麻由美《ふくもとまゆみ》（翻訳：原理 2、3、7／査読）

２人とも神戸大学農学部卒業。麻由美はバイオ系研究職、裕郁は経理事務職として就職。健康・環境・教育について考えさせられることが多くあり、それらの糸口が有機農業にあるのではと思い至る。1996 年、裕郁が脱サラ就農をめざして活動開始。出産直後の麻由美はテープ起こし・文章作成などから始め、ライフサイエンス分野の翻訳を中心に行う。その後、兵庫県三木市に畑を借りて定住し、現在に至る。

谷口葉子《たにぐちようこ》（翻訳：原理 4、6、8、11／査読）

京都府出身。現在、宮城大学食産業学部助教。米国留学中に有機農業の魅力に目覚める。帰国後、有機農業関連団体に関係するかたわら、大学院で農業経済学を学び博士号を取得。有機食品の流通や認証制度について研究している。

渡部綾《わたなべあや》（翻訳：原理 1、5／査読）

同時通訳者・翻訳者。東京大学教養学部卒業。米国ハーバード大学留学。代替医療、心理学、スピリチュアリティ、人権、環境などに関心をもつ。20 歳を過ぎてアトピー性皮膚炎になったことで、代替医療やオルタナティブな暮らしに目を向け、自分の内面を探る旅を始める。アトピーは４年で完治し、自分にしっくりくる暮らしにたどりつく。エコロジーとコミュニティを大切にした東京郊外のコーポラティブハウスを拠点に、世界を歩く。

須藤《すどう》姉妹（翻訳：倫理、原理 9、10、12／査読）

晶子《しょうこ》は上智大学外国語学部英語学科卒業後、翻訳事務所・編集プロダクション勤務を経て、フリーランス編集者・翻訳者に。著者の来日講演をきっかけに原書を知り、翻訳グループに参加。第６期パーマカルチャー塾デザインコース終了。

よう子は記者・翻訳者・編集者。早稲田大学政経学部卒業。自然食やオルタナティブ・ムーブメント、スピリチュアリティに関する執筆・編集記事多数。環境・政治経済・ビジネス関連の翻訳も。ハートと直観を大事にしつつ、持続可能な社会のあり方を模索中。

市川紀子《いちかわのりこ》（査読）

神戸市立外国語大学英米学科卒業。『自家採種ハンドブック――「たねとりくらぶ」を始めよう』の翻訳に参加。現在、フリーランス翻訳者。京都市在住。

リック・タナカ／Rick Tanaka（出版契約交渉から最終校正）

原発の多さにあきれ、中曽根の台頭に危惧を抱いて、1980 年に離日し、シドニーに漂着。以後、音楽の制作、マネージメント、映画、テレビやラジオなどさまざまな媒体で番組、コンテンツづくりに携わる。著作や翻訳もいろいろ手がける。シドニー郊外のブルー・マウンテンズ、ニュージーランド南島のハンプデンでパーマな楽農暮らしの実践を経て、再び流浪モードに入った 2011 年、たまたま滞在中の日本でフクシマに遭遇。鴨川自然王国での特別研修生活後に、オーストラリアに帰国。この本が出版されるころはビクトリア州の片田舎で、著者デビッド・ホルムグレンのもとでパーマカルチャーの修行中。

〈著者紹介〉

デビッド・ホルムグレン(David Holmgren)

1955年　西オーストラリア州フリーマントル生まれ。

1973年　国内各地を旅行中、タスマニア島の自然に魅せられ、ホバートの独創的な環境デザイン学校(Environmental Design School)に入学。恩師ビル・モリソンと知り合う。

1978年　モリソンとの共著『パーマカルチャー・ワン』(Permculture One)を出版。以後、自足生活のための技術やデザイン技術に磨きをかけ、数冊の本を出版するかたわら、パーマカルチャーの原理を使って三つの地所を開発。オーストラリア、ニュージーランド、イスラエル、ヨーロッパ各地でパーマカルチャーのワークショップやコースを指導する。1980年代なかばからビクトリア州中部のヘップバーン・スプリングスに居を定め、パートナーのスー・デネット、息子のオリバーと一緒に生活。自宅があるメリオドラはパーマカルチャー実践の場として、オーストラリアでもっともよく知られている。オーストラリア南東部の温暖気候の生態系に精通し、1990年代からはフライヤーズ・フォレストと呼ばれるエコビレッジのデザイン、開発にかかわった。実践的なプロジェクトをとおしてパーマカルチャーを広めた功績によって、世界中から尊敬を集めている。

邦訳書　『未来のシナリオ――ピークオイル・温暖化の時代とパーマカルチャー』(リック・タナカ訳、糸長浩司監訳、農山漁村文化協会、2010年)。

パーマカルチャー(上)

農的暮らしを実現するための12の原理

二〇一二年一一月五日　初版発行

著　者●デビッド・ホルムグレン

訳　者●リック・タナカほか

企画コーディネート●智内好文(天空企画)

発行者　大江正章

発行所　コモンズ

東京都新宿区下落合一-五-一〇-一〇〇二

TEL〇三(五三八六)六九七二

FAX〇三(五三八六)六九四五

振替　〇〇一一〇-五-四〇〇一二〇

info@commonsonline.co.jp

http://www.commonsonline.co.jp/

印刷/理想社・製本/東京美術紙工

乱丁・落丁はお取り替えいたします。

ISBN 978-4-86187-090-3 C1030